入門×実践
Introduction　Practice

まるごと1冊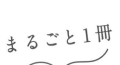

After Effects
作って学ぶ映像効果

ムラカミ ヨシユキ 著

CC対応
Mac & Windows 対応

≡ SB Creative

本書に関するお問い合わせ

この度は小社書籍をご購入いただき誠にありがとうございます。小社では本書の内容に関するご質問を受け付けております。本書を読み進めていただきます中でご不明な箇所がございましたらお問い合わせください。なお、お問い合わせに関しましては下記のガイドラインを設けております。恐れ入りますが、ご質問の際は最初に下記ガイドラインをご確認ください。

ご質問の前に

小社 Web サイトで「正誤表」をご確認ください。最新の正誤情報をサポートページに掲載しております。

▶ **本書サポートページ URL**
URL https://isbn2.sbcr.jp/22664/

上記ページの「正誤情報」のリンクをクリックしてください。なお、正誤情報がない場合、リンクをクリックすることはできません。

ご質問の際の注意点

・ご質問はメール、または郵便など、必ず文書にてお願いいたします。お電話では承っておりません。
・ご質問は本書の記述に関することのみとさせていただいております。従いまして、○○ページの○○行目というように記述箇所をはっきりお書き添えください。記述箇所が明記されていない場合、ご質問を承れないことがございます。
・小社出版物の著作権は著者に帰属いたします。従いまして、ご質問に関する回答も基本的に著者に確認の上回答いたしております。これに伴い返信は数日ないしそれ以上かかる場合がございます。あらかじめご了承ください。

ご質問送付先

ご質問については下記のいずれかの方法をご利用ください。

> **Web ページより**
上記のサポートページ内にある「お問い合わせ」をクリックすると、メールフォームが開きます。要綱に従って質問内容を記入の上、送信ボタンを押してください。

> **郵送**
郵送の場合は下記までお願いいたします。

〒105-0001
東京都港区虎ノ門2-2-1
SBクリエイティブ　読者サポート係

はじめに

- - - - - - - - - - - - -

本書を手に取っていただきありがとうございます。

今日、スマートフォンなどのデバイスによって、誰もが手軽に撮影を行うことができ、ついにはAIやアプリを使っての映像編集/加工が当たり前の時代となりました。その一方で、映像を使って自分の思いを表現したいと考えているのであれば、好奇心や想像を膨らませて試行錯誤する経験が何よりも大切になってきていると実感しています。本書で解説するAdobe After Effectsは、時間をかけることでAIだけでは表現しきれない自分の思いを映像に詰め込んで細かく作り込んでいくことができる素晴らしいツールです。

本書ではAfter Effectsの基本的な操作を書籍と特典の解説動画を用いて学んでいきながら、読者の皆様が各章でテーマに沿った1本の動画を作り上げてもらうことを目指して執筆を行いました。本書を手に取っていただいた目的として、予算や時間を逆算して制作を行うプロフェッショナルを目指す人や、自分の欲望を突き詰めて制作を行うアーティストを目指す人など様々な立場の方々がいらっしゃると思いますが、どんな人にとっても1本の動画を作って行く過程で見つかる発見や経験が、その後の制作活動に大きな影響を与えることがあります。本書が少しでもその体験のきっかけになればと思い、取り扱う作例も幅広いジャンルを用意しました。

きっと本書を読んでいる読者の方々にも、これまでの人生で心が動かされた映像やお気に入りの作品があると思います。映像の制作スキルアップ自体はもちろん大切ですが、長い目で見たときに「楽しんで作り続けること」と「何を表現したいのかを考えること」がより自分を支える糧になるのではないかと考えております。筆者自身も最初は本やオンライン学習などの独学を通じてAfter Effectsの学習に取り組み挫折しかけた経験がありますが、その際でも楽しみながら映像を作り続けた経験が今日までの活動の支えになっています。

新しいことに挑戦することは、学ぶことが多く壁に突き当たり諦めそうになることもあるかもしれません。そんな時はできそうなパートや楽しそうだと思う内容から取り組んでみてください。本書には初心者の方でも挫折しないように、オンライン講座のようなチュートリアル動画やチートシート、テンプレートの特典も用意していますので是非活用してください。

読者の皆様が本書を通じて、映像制作における「楽しんで作り続けること」と「何を表現したいのかを考えること」を体験していただけると幸いです。

まずはここから第一歩を踏み出していきましょう。

ムラカミ　ヨシユキ

CONTENTS

Chapter

5 　ビデオエフェクトで魅せる ·· 235

ダウンロードファイルについて

本書で使用する練習用ファイル、および特典ファイルは以下の本書サポートページからダウンロードできます。なお、本書の特典の利用は、書籍をご購入いただいた方に限ります。

URL：https：//isbn2.sbcr.jp/22664/

パスワード：P.319をご覧ください

本書の練習用ファイルに含まれるデータは本書の学習用途のみにご利用いただけます。すべてのダウンロードしたデータは著作物であり、一部またはすべてを公開したり、改変して使用することはできません。

特典ファイルに含まれるテンプレートファイルはご自身の作品制作にも利用することが可能です。ただし、特典ファイルについて以下の行為を禁止します。

素材の再配布、および一部改変による素材としての再配布 / 公序良俗に反するコンテンツにおける使用 / 違法、虚偽、中傷を含むコンテンツにおける使用 / その他著作権を侵害する行為。

また、ダウンロードしたデータの使用により発生した、いかなる損害についても、著者およびSB クリエイティブ株式会社は一切の責任を負いかねますのでご了承ください。

練習用ファイルはChapterおよびLessonごとにフォルダーが分かれており、以下の構造になっています。

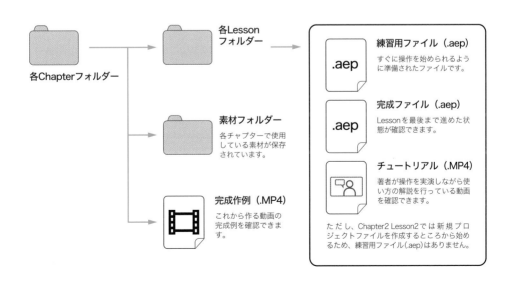

例として、Chapter3 Lesson1の内容を演習する際には、［Chapter3］→［Lesson1］→［Chapter3-1. aep］ファイルを使用してください。

本書の使い方

キーワード

このレッスンで重要な役割を果たすツールやエフェクトを表示しています。
巻末の索引から逆引きすることもできます。

レッスンタイトル ──

このレッスンで学ぶ
内容です。

コンポジション

Lesson 2 ── コンポジションを作成する

コンポジションの設定では書き出される動画のサイズや画質、フレームレートなどを変更する
ことができます。編集を始める前に目的に合わせて設定しておきましょう。

レッスン内容 ──

このレッスンで制作
する内容やそれに関
わる基礎知識を簡単
に説明しています。

1 新規コンポジションを作成する

[コンポジション] パネル❶の中央左側の [新規コンポジション] ❷をクリックすることで、コンポジ
ションを新たに作成します。

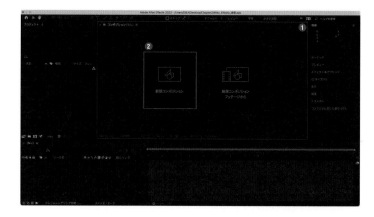

用語解説 ──

After Effects の 操
作でしか使われない
ような言葉や、一般
に使われている意味
とは異なる場合にそ
の言葉を解説してい
ます。

コンポジション

ここでは After Effects で取り扱うフレームワークのことを指します。レイヤーとタイムラインによって構
成されています。

One point ──

レッスンでの操作と
は別に、役立つ内容
や機能をさらに使い
こなすために必要な
情報を解説していま
す。

One Point ▶ 新規コンポジションを追加する

メニューバーから [コンポジション] → [新規コンポジション] をクリックします。またショートカット
キー ⌘ (Ctrl) + N やプロジェクトパネル内の [新規コンポジションを作成] のボタンからも作成す
ることができます。

32

本書は本文を読みながら、各章ごとに作例を作り上げて、After Effectsの操作と映像制作のテクニックを学べる構造になっています。作例の内容と学習方法についてはP.10の本書の構成を確認してください。

❷ コンポジションを設定する

[コンポジション設定]オブジェクト❶が開くので、作成する動画に合った条件を選択していきます。まずは[コンポジション名：Chapter2]❷と入力します。

今回は動画投稿サイトでも対応できるフルHDサイズで作成するため、[基本]のタブから[幅：1920px]、[高さ：1080px]❸に設定します。次に、フレームレートを[フレームレート：24フレーム秒]❹に設定します。

デュレーションでは動画全体の長さを決めることができます。ここでは5秒の動画を作るので[デュレーション：0:00:05:00]❺とします。全ての設定が終わったら[OK]❻をクリックします。

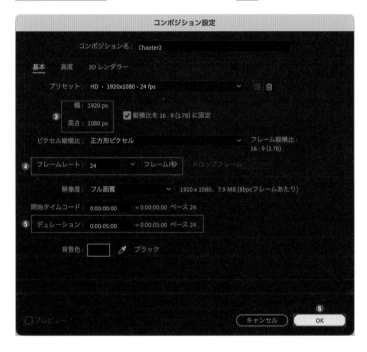

操作の解説

実際の操作手順にそって操作方法を説明しています。文章中の❶と図中の❶が対応しています。

本書の構成と学習の進め方

本書は順に読み進めることで、少しずつ編集全体のレベルを上げていくことができる構成になっています。まずは各フォルダに保存されている、完成作例の動画(.MP4)ファイルを見て、これから作業する作例のイメージを確認しましょう。続いてLessonごとのフォルダからチュートリアル動画(.MP4)と練習用ファイルを開き、書籍と合わせて学習に取り掛かってください。書籍または、チュートリアル動画のどちらかだけでも学習を進められる構造となっていますので、より自分が学習しやすいと感じる方法を選ぶことをお勧めします。

⬢ 基本テクニックで編集する入門パート

Chapter 1 動画編集を始める前に
この章ではソフトウェアの操作をする前に覚えておくと役立つ内容を解説しています。ソフトウェアのインストールと起動/終了/ショートカット作成までを行います。

Chapter 2 基本操作で編集する
After Effectsの基本的な操作を中心に簡単な操作でモーショングラフィックス動画を作成します。操作と同時にパネル/ツールの名前やアニメーションについても学ぶことができます。

Chapter 3 モーショングラフィックを作る
動画と静止画の素材を組み合わせてモーショングラフィックス動画を作成します。After Effectsの特徴である多彩なエフェクトを使用し、素材やテキストの加工方法を学ぶことができます。

⬢ 応用テクニックで編集する実践パート

Chapter 4 アニメーションを躍動させる
静止画の素材とカメラレイヤーを使ってアニメーションミュージックビデオを作成します。様々な映像制作で役に立つテキストに対する高度なアニメーションと見た目の設定、3Dレイヤーでのカメラワークの制作方法を学ぶことができます。

Chapter 5 ビデオエフェクトで魅せる
撮影した動画の素材にビデオエフェクトを付加してストーリー性のあるビデオブログを作成します。トラッキングやマスクの調整など、ボタン操作だけではなく自分の感覚で微調整を行いながら、実際の映像制作で役立つテクニックを学ぶことができます。

動画編集を始める前に

この章では動画の制作に必要な基礎知識とAfter Effectsの概要について解説を行います。
基礎知識を知っておくことで編集の仕組みやコツが理解しやすくなるので
しっかりとおさえておくようにしましょう。

After Effects とは

After Effects では撮影した動画に特殊効果を加えたり、アニメーションを作成していくことができます。まずは After Effects を使用する準備を整えましょう。

1 After Effects とは

After Effects は Adobe 社が提供するビデオ編集やモーショングラフィックスの制作に用いられるソフトウェアです。After Effects は、映画、テレビ番組、広告、ウェブコンテンツなど、さまざまなメディアの編集に利用されています。

After Effects を用いることで、テキストや画像にアニメーションを加えたり、ビデオの合成やエフェクトの追加などを行うことができます。また、Adobe Creative Cloud との連携により、他の Adobe ソフトウェアとのシームレスな連携が可能であり、効率的なワークフローを構築することができます。例としては After Effects で編集中の動画を Adobe Photoshop に移動して画像加工を加えたり、Adobe Premiere Pro と連携して長尺の映像にエフェクトを組み込むことができます。

© 1992-2023 Adobe. All rights reserved.

Pes Motion Studio によるアートワーク。詳細と法律上の注意については、After Effects についての画面を参照してください。

Adobe Creative Cloud

② After Effectsが使える環境と購入先

どんなパソコンで使えるの？

After EffectsはWindowsおよびmacOSの両方で利用することができます。以下は、Adobeが公開しているバージョン24.1での推奨されるシステム要件です。実際にはプロジェクトの規模や複雑さによって必要になってくるシステム要件が異なる場合があります。最新の情報はAdobeのWebサイト（https://helpx.adobe.com/jp/after-effects/system-requirements.html）から確認することができます。

条件	Mac	Windows
CPU	Appleシリコン M1 以降	Quick Sync搭載のIntel第11世代以降のCPUまたはAMD Ryzen 3000 シリーズ／Threadripper 2000シリーズ以降のCPU
OS	macOS Monterey （バージョン 12）以降	Windows 10（64 ビット）日本語版バージョン22H2（以降）または Windows 11
メモリ	Appleシリコン： 16GBの統合メモリ	HDメディアの場合は16GBのRAM 4K以上の場合は32GB以上
GPU	Appleシリコン： 16GBの統合メモリ	HDおよび一部の4Kメディアの場合は4GBのGPUメモリ 4K以上の場合は6GB以上

スマートフォンでも使えるの？

After Effectsは現時点（2024年3月時点）ではスマートフォン上で利用することはできません。After Effectsを利用するには、デスクトップコンピュータの環境が必要です。

どこで購入できるの？

After Effectsは、Adobe公式ウェブサイト（https://www.adobe.com/jp/）から購入することができます。Adobeのウェブサイトでは、Adobe Creative Cloudというサブスクリプションベースのサービスも提供されており、After Effectsを含むAdobe製品にアクセスできます。また、Adobe Creative Cloudでは、月額または年額のサブスクリプションプランを選択することができます。プランによって提供される製品の範囲や機能が異なるため、自身のニーズや予算に合わせて適したプランを選ぶことができます。最新の情報はAdobeのWebサイト（https://www.adobe.com/jp/products/aftereffects.html）から確認できます。

プラン名	After Effects 単体プラン	Creative Cloud コンプリートプラン	学生・教職員向け	法人版（1ライセンス あたり）
対象サービス	After Effectsのみ	Creative Cloud	Creative Cloud	After Effectsのみ
料金（税込）	3,280円/月	7,780円/月	2,180円/月	5,080円/月

▲ 2024年3月5日以降の料金を掲載しています。

🖉 フレームサイズ　🖉 フレームレート　🖉 レイヤー　🖉 3D レイヤー

動画の基礎を知ろう

After Effects での動画編集を始める前に基本となる知識を解説します。よりクオリティの高い動画を作るにはこれらの知識は必要不可欠ですので、理解しておきましょう。

① 動画の仕組み

動画は連続した静止画像（**フレーム**）の高速な再生によって生み出されます。各フレームは一定の時間間隔で表示され、連続することで画像が動いているように見えます。動画編集では、フレームの縦と横の大きさで表される**フレームサイズ**と、1秒間が何枚のフレームで構成されているかを表す**フレームレート**が重要な要素となります。

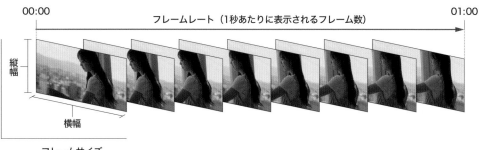

00:00　フレームレート（1秒あたりに表示されるフレーム数）　01:00

縦幅

横幅

フレームサイズ
（横幅と縦幅のピクセル数）

フレームサイズ (pix × pix)

画面の横幅と縦幅をピクセル数で表現したものです。一般的なフレームサイズは横幅 × 縦幅の順で表され、例えば [1920 × 1080] は横幅1920ピクセル、縦幅1080ピクセルの解像度を示します。数が大きいものほどピクセル数が多く、より鮮明な画質となりますが合わせて情報量も多くなるためファイルサイズが大きくなります。フレームサイズは画面のクオリティだけでなく、演出などの視覚的な表現にも影響を与えるため、目的に合わせた適切なサイズを選ぶことが重要です。

フレームレート (fps: frames per second)

1秒あたりに表示されるフレーム数を示します。一般的なフレームレートは、24fps、30fps、60fpsなどがあります。フレームレートが高いほど動画は滑らかに見えますが、制作や再生に必要な情報量も増加するため、映像のスタイルや制作環境に合わせて適切なフレームレートを検討する必要があります。

2 レイヤーとは

After Effectsでの動画編集にはレイヤーと呼ばれる要素が登場します。これは、編集のために取り込んだ映像の他に、After effects上で作る平面、テキスト、シェイプなどのレイヤーや、編集に役立つ調整レイヤーやヌルレイヤー、さらに奥行き（Z軸）の情報を持つ３Dレイヤーなど多くの種類があります。ここで重要なのは、全てのレイヤーはタイムラインと呼ばれるレイヤーが重なった構造にまとめられ、その配置で再生順と重ね順が設定されるという点です。

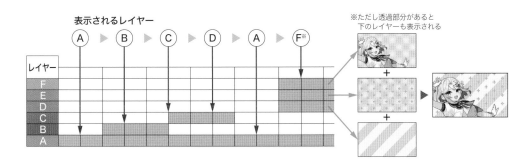

3 3Dレイヤーとは

特殊なレイヤーとして、縦と横（X軸とY軸）に加えて奥行き（Z軸）が追加された空間の情報を持つ３Dレイヤーがあります。３Dレイヤーに対しては、実際のカメラの様に表示させる部分を動かせるカメラレイヤーと、光の加減を調整できるライトレイヤーが機能するようになります。また、軸が１つ追加されたことにより、［位置］と［回転］にも新たなパラメーターとして［Z位置］と［Z回転］が設定できるようになります。これにより撮影だけでは再現できない表現や、After Effects内で作ったオブジェクトに対しても実際に撮影した映像のようなカメラワークを追加することができます。

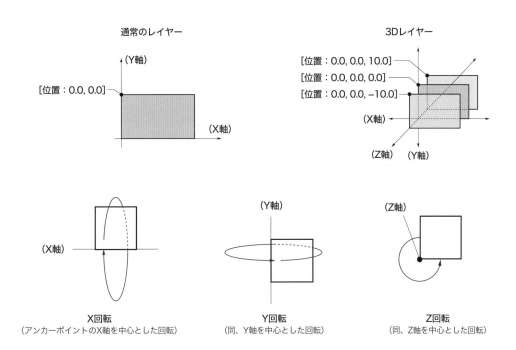

Lesson 3

📎コンポジット　📎カラーグレーディング　📎アスペクト比

動画制作の作業工程を知ろう

動画の製作は以下の工程で進んでいきます。今回学習する After Effects は主に編集の工程、特にオンライン編集で活躍します。

動画製作の流れ

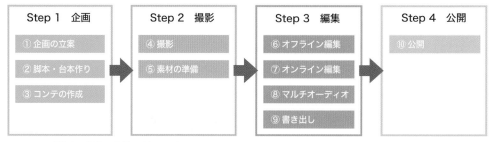

Step 1　企画	Step 2　撮影	Step 3　編集	Step 4　公開
① 企画の立案	④ 撮影	⑥ オフライン編集	⑩ 公開
② 脚本・台本作り	⑤ 素材の準備	⑦ オンライン編集	
③ コンテの作成		⑧ マルチオーディオ	
		⑨ 書き出し	

▲ チームで制作する場合は役割を分担して行うこともあります。

① 企画の立案

動画制作にはまず企画が重要です。特に MV やドラマなどで、全体の工程を計画してから制作に取り掛かるためには、事前に映像表現の要素を設定する必要があります。例えば、「スマートフォン向けの縦長動画なのか、シネマスコープのような横長動画なのか」といったことや、「スローモーションを入れるか、早送りを使うか」といったことを企画段階であらかじめ考えておくことで、撮影や編集の際にトラブルが起こりにくくなります。

② 脚本・台本づくり

企画を元に脚本と台本を作成していきます。筆者は日常的にアイデアを箇条書きするようにしていますが、それをもとに脚本を作り上げることもあります。また、調査したことやキャラクターの設定などをノートに書き留めておくと、脚本作成の際に役立ちます。全体の構造を作った後は、役者が参考にする動きやセリフなどをまとめていきます。脚本は、場所や時間を指定する「柱」、言葉として口に出す「セリフ」、動作や気持ちを表す「ト書き」という 3 つの要素で構成されます。脚本や台本を準備せずアドリブで撮影を行うこともありますが、複数の人間が関わる場合は脚本や台本がある方が全員で考えを共有しやすく、撮影をスムーズに進めることができます。

③ コンテの作成

脚本をもとに撮影する順番を文章で記載した字コンテや、画角や構図などのカメラワークを視覚的に描いた絵コンテを作成し、必要なカットを抽出しておくと現場での撮影手順がわかりやすくなります。同様に撮影する前に音楽やカットを Premiere Pro などの編集ソフトで仮編集したものをビデオコン

テと呼びます。編集画面に簡単な音楽やグラフィック素材を並べておくだけでも間の取り方や雰囲気を伝えやすくなります。コンテは細かく設定しておくと現場で撮影の工程がしっかりする一方で、現場ならではのアイデアやアドリブなどの自由度が低くなります。制作の規模に応じて準備するとよいでしょう。

④ 撮影する

コンテで描かれた各カットを撮影していきます。現在では、映画やドラマにもスマートフォンやGoProが使用されています。まずは身の回りにある機材で撮影にチャレンジしてみるのもいいでしょう。高額なカメラを買うよりも、照明やマイクを取り入れるだけでも劇的な質の向上が期待できます。場合によっては、納得がいくまで何度も同じカットの撮影を繰り返すことや、天候の変化や予期しないトラブルで事前のコンテ通りには行かなくなることもあります。

▲ 撮影中の様子

⑤ 素材の準備

考え方を変えれば企画も撮影も全ては素材を集める一環ともいえます。撮影した素材を編集画面に並べた際に、足りないカットや音響があれば、再撮影を行ったり、素材を配布するサイトで購入したりします。また、効果音やテロップのフォントなど映像によっても集めるべき素材の種類は異なるので注意しましょう。Pexels (https://www.pexels.com/ja-jp/) などのWebサイトでは無料で高品質な映像素材が配布されているため、撮影の機材や時間が限られている場合や、練習やビデオコンテの作成に活用できます。また、VFX素材などを購入しておくと編集画面に挿入するだけで映像のクオリティを高めることができます。

▲ 素材については P.23 から詳しく紹介しています。

⑥ オフライン編集

試行錯誤の多い映像編集では、いきなり高画質な撮影データで編集を行うと処理が重くなってしまうため、プロキシと呼ばれる低画質データを作成します。このデータを使用して仮編集する作業をオフライン編集と言います。オフライン編集ではカットの順番や長さの調整、コンテンツの構成や音楽などの雰囲気の確認と調整を行います。また、クライアントとの試写や議論を経て、仕上げに取り掛かります。

⑦ オンライン編集

最終的な一本の映像として完成させる作業です。オフライン編集で仮編集が行われた映像に対して時間のかかる高度なCG演出（コンポジット）や色の調整（カラーグレーディング）などを加えていきます。コンポジットでは、直接撮影できない表現や特殊効果をCGや合成素材を使用して映像に追加していきます。一方でカラーグレーディングでは、映像に色の編集を行なって、映像作品の世界観や臨場感を作り出していきます。特にAfter Effectsではこの部分を作り込むことが多く、本書籍でも主にこれらの内容を解説していきます。

コンポジットの例

Before   After

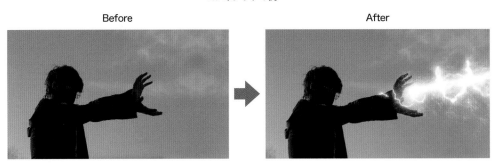

カラーグレーディングの例

Before   After

⑧ マルチオーディオ

BGM・効果音・環境音・ナレーションなどの音に関する調整を行います。特定の音の大きさを調整したり、バランスを整えたり、ノイズを消してセリフを聞きやすくしていきます。さらに雰囲気に合った形のBGMを挿入することで視聴者へ与える印象も大きく変わります。

⑨ 書き出し

編集が終わったら使用目的に応じて適切なアスペクト比、画質、変換形式を選んで書き出します。After Effectsから書き出しもできますが、特殊な形式の場合はMedia Encoderを使用します。アスペクト比とは、フレームサイズの縦と横の比率のことで、現在よく見る横長動画は16:9、映画館では2.35:1のシネスコサイズ、また縦長SNSの9:16など、媒体とその用途に合わせてサイズを決める必要があります。After Effectsではコンポジションを作成する際や書き出しの際にこの比率が表示されるようになっています。

⑩ 公開

書き出した動画はYouTubeやSNSを通じて公開したり、DVDなどの記憶媒体に書き込んだり、映画などで上映するためのDCP制作を行います。ここで初めて視聴者と繋がる場合が多いため、対象となる方々のスタイルに合ったやり方で公開していくと良いでしょう。

DCP制作

DCPとはデジタルシネマパッケージの略で、映画館で上映するために制作した映像コンテンツを適切なフォーマットに変換する作業のことです。

Lesson 4

素材を用意しよう

動画作成には素材の準備が欠かせません。本書籍の作例に必要な素材は全てダウンロードできますが、オリジナルの作品を作るときには撮影や録音にも挑戦してみて下さい。

1 撮影しよう

現代ではスマートフォンの普及により誰もが気軽に動画を撮影することができるようになりました。実際に、スマートフォンで撮影した映像を使った映画やテレビシリーズの作品も多数公開されています。スマートフォンなどの身近にあるカメラを使用するメリットは、手軽に始められることやカメラの手入れをする心配が少ないことです。一方、高価なカメラを使うと、自分自身で高品質な映像素材を作り出せるようになります。まずは身近にあるカメラで撮影することをお勧めします。

2 録音しよう

音声が必要な作品の場合は、映像とあわせて録音も行います。スマートフォンやカメラに内蔵されているマイクを使用したり、制作の規模によっては外部マイクを使用して収音することもあります。音声や音楽も作品に大きな影響を与える要素のため、撮影の際には忘れずに録音しておきましょう。

3 素材サイトからダウンロードしよう

初心者でも外部サイトからダウンロードできる素材を組み合わせることで、高品質な映像を作ることができます。また、ひとりで動画を編集して完成させる自信がなくても、集めた素材をAfter Effectsのテンプレートにはめ込むだけで作成することもできます。映画製作などでも外部サイトの素材を利用することもあるので、好きなものをダウンロードして試してみると良いでしょう。ここでは筆者が普段使用している素材サイトをご紹介します。それぞれ使用規約があるので、必ず確認してから使用してください。

• Adobe Stock

URL　https://stock.adobe.com/jp/
料金形態　有料（一部無料あり）

Adobeが提供する高品質な素材が揃っていま
す。写真から動画、テンプレートまで幅広く
用意されています。はじめて利用する場合は
無料体験期間があります。

• Envato Elements

URL　https://elements.envato.com/
料金形態　有料（一部無料あり）

映像から写真、音楽、After Effects のテン
プレートまで幅広くサブスクリプション形式
でダウンロードすることができます。

• MotionArray

URL　https://motionarray.com/
料金形態　有料（一部無料あり）

After Effects テンプレートやプラグインなど
素材だけでなく様々なデータを利用できま
す。無料の Ae プロジェクトもダウンロード
ができるので、直接利用するだけでなく、ど
うやって動くのかを研究することにも利用で
きます。

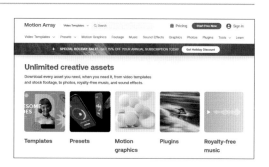

• ProductionCrate（FootageCrate）

URL　https://vfx.productioncrate.com/
料金形態　素材による

VFX用の映像や音声の素材が豊富にそろっています。アカウントを作ることで、無料素材を1日5個までダウンロードすることができます。

• TRIUNE DIGITAL

URL　https://www.triunedigital.com/
料金形態　素材による

SF映画のような、クオリティの高いフッテージ素材とVFX素材がそろっています。

• BIGFILMS

URL　https://bigfilms.shop/
料金形態　有料

こちらもフッテージ素材とVFX素材のサイトです。有料ですが使うと映像のクオリティがとても高まるので、本格的な映像制作を行う際におすすめです。

• Pexels

URL　https://www.pexels.com/
料金形態　無料

素材のアップロードに高い基準を設けているため、高品質な画像や映像素材が無料でダウンロードできます。筆者も写真や動画素材を公開しています。

• PAKUTASO

URL　https://www.pakutaso.com/

料金形態　無料

日本を中心とした写真素材がそろっていま
す。筆者はマテリアル素材を利用することが
多いです。

• DOVA-SYNDROME

URL　https://dova-s.jp/bgm/

料金形態　無料

BGMに使える音楽素材が揃っています。新
着順やダウンロード数での検索の他に、ラン
ダム検索の機能があります。

• 魔王魂

URL　https://maou.audio/

料金形態　無料

森田交一氏が創設・運営しており、非常に幅
広い用途に利用ができる楽曲データを公開し
ています。ボーカル付きの楽曲も利用できる
ため、とても役立ちます。

• BGMer

URL　https://bgmer.net/

料金形態　無料

BGM専用の素材サイト。仕様用途にあわせ
てカテゴライズされているため、求めている
素材を見つけやすく、YouTubeで試聴するこ
とができます。

After Effects を使ってみよう

Lesson 5

ここでは Adobe Creative Cloud と After Effects を初めて利用するときのインストール方法と、アプリケーションを起動して終了するまでを解説します。

——————————— ||| ———————————

❶ Adobe Creative Cloud を契約する

まずは Creative Cloud アプリをダウンロードします。ブラウザで Adobe After Effects の Web サイト（https://www.adobe.com/jp/products/aftereffects.html）を開き、バナーの中にある［無料で始める］❶をクリックします。プランを選択する画面に移るので、タブから当てはまるプラン❷をクリックして選択し、続けて［次へ］❸をクリックします。はじめて Creative Cloud を利用する場合は 7 日間無料体験ができます。（2024 年 2 月時点）

▲ 既に Creative Cloud アプリをインストールして利用しことがある場合は、手順 3 のアプリケーションのインストールからはじめて下さい。

Adobe ID を作成します。メールアドレス❹を入力し、［続行］❺をクリックします。次に支払い方法を入力して［無料体験を開始］をクリックします。［パスワードを作成］❻をクリックして、任意のパスワードを設定します。

▲ 既に Adobe ID を持っている場合はログインすることでダウンロードすることができるようになります。

アプリのダウンロード画面が開くので、［カテゴリーで表示：ビデオ］❼として、After Effectsの
［ダウンロード］❽をクリックします。

② Creative CloudとAfter Effectsをインストールする

Creative Cloudのアプリが起動します。アカウント認証の画面で［続行］❶、［Creative Cloudと
After Effectsをインストール］の画面で［インストールを開始］❷をクリックします。インストール
が完了するとCreative Cloudのアプリが起動します。

③ アプリケーションのインストール

Creative Cloudアプリのインストールが完了す
ると、今度はAfter Effectsのインストールの
確認が表示されるので、［After Effectsをイン
ストール］❶をクリックします。既にCreative
CloudアプリがインストールされているばAffter
場合はアプリ一覧からAfter Effectsを探して［インス
トール］をクリックすると同様の確認が表示さ
れます。

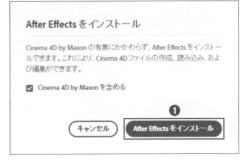

④ アプリを起動する

After Effectsのインストールが完了すると、Creative Cloudアプリの［インストール済み］に表示されるようになるので、After Effectsの［開く］❶をクリックして起動します。

はじめて起動する場合や、アプリのバージョンが変わって新しい機能が追加されたときは機能の説明画面が表示されることがあります。表示を閉じる際には右上の閉じるボタン❷をクリックします。

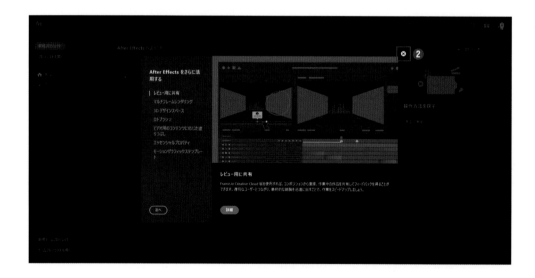

⑤ アプリを終了する

起動が確認できたら、Chapter 2 からの操作解説に合わせるために、ここでは一旦アプリを終了させ
ましょう。使用する OS によってアプリの終了方法が異なるので注意しましょう。

Mac の場合

メニューバーの［After Effects］から［After
Effects を終了］❶をクリックすることでアプリ
を終了します。

Windows の場合

ウィンドウ右上の［閉じる］❶をクリックする
ことでアプリを終了します。

⑥ ショートカットを作成する

次回以降、簡単に After Effects を起動できるようにショートカットを作成しておきましょう。

Mac の場合

アプリのアイコン❶を右クリックして［オプ
ション］→［Dock に残す］❷にチェックを入れ
ると、画面下のメニューバーに After Effects
のショートカットが追加されます。

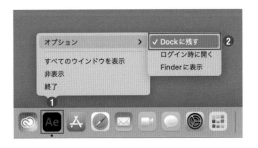

Windows の場合

[スタート] メニュー❶から [After Effects] を検索して、メニューから [タスクバーにピン留めする] ❷をクリックすると、画面下のタスクバーに After Effects のショートカットが追加されます。

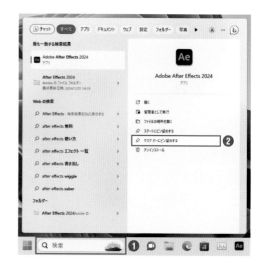

これで After Effects を使う準備が整いました。Chapter 2 からは実際に動画を編集しながら After Effects の機能を学んでいきましょう

One Point ▶ **操作中に困ったときは**

After Effects を操作中、画面をクリックしたが何も変化がない場合は、以下のパターンを確認してみて下さい。

パネルが選択されていない

別のパネルに移って操作を行おうとすると、パネルが選択されていないためボタンをクリックしても反応がないことがあります。一度操作したいパネル上をクリックするとパネルが選択状態（青い枠に囲まれた状態）になり、操作が可能になります。

選択対象が正しくない

対象の選択が正しいか確認しましょう。機能によっては、正しい対象が選択されていないと働きません。操作するパネルが変わっても選択対象は解除されない点に注意が必要です。なお、選択中の状態は白や青い枠に囲まれたり、背景色が周りと比べて薄くなっています。特にコピー＆ペーストを行う際には、選択対象がペーストの対象かどうかしっかり確認しましょう。例えばエフェクトをコピーして他のレイヤーにペーストしたいときには、ペースト先のレイヤーを選択してからペーストを行う必要があります。

強制終了の方法

数分間待っても操作ができない状態で続き、パソコン自体は動く場合はアプリの強制終了を行いましょう。

▶ **Mac の場合**

[アクティビティモニタ] を開いて [Premiere Pro] を選択し、[停止] をクリックします。

▶ **Windows の場合**

[タスクマネージャー] を開いて [Premiere Pro] を選択し、[タスクの終了] をクリックします。

再起動時には Adobe にトラブルの報告ができます。Adobe に情報を共有することで今後のアップデートで問題の改善が行われる可能性があるので報告しておくとよいでしょう。また、自分で解決できないと感じた場合は、アドビヘルプセンター（https://helpx.adobe.com/jp/support.html）の [アプリケーションの問題] からも問い合わせや、エラーの対応方法を調べることができるため活用しましょう

基本操作で編集する

この章ではAfter Effectsの基本的な使い方を説明しながら、
アニメーション編集を中心とした簡単な動画を作成していきます。
この章以降でも多用する基本的なテクニックを解説しているので
操作を通じて身につけておきましょう。

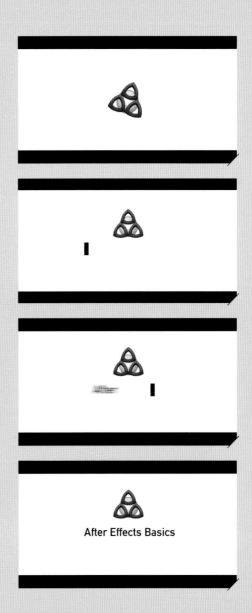

After Effects Basics

Lesson 1

🔗 プロジェクト

プロジェクトを作成する

新たに編集作業をする場合、最初にプロジェクトファイルを作成します。このファイルには動画や音声などの素材への参照情報（リンク）と、設定した編集内容が保存されます。

1 新規プロジェクトを作成する

After Effectsを起動して、新規プロジェクトを作成します。After Effectsのパネル左上にある［新規プロジェクト］❶をクリックします。

2 プロジェクトに名前を付ける

初めて保存をする場合は、メニューバーの［ファイル］をクリックし、メニューから［別名で保存］→［別名で保存］❶をクリックして、現在開いているファイルを保存することができます。

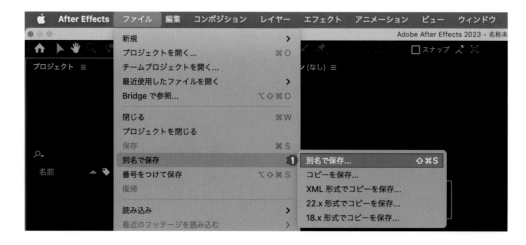

[別名で保存ダイアログ] ❷が開くので、まずは [名前：After_Effects_練習] ❸と入力します。

❸ プロジェクトを保存する

次にファイルの保存先を指定します。ここではあらかじめダウンロードした本書籍の教材データフォルダから [Chapter2] ❶を指定します。[保存] ❷をクリックすると、プロジェクトファイル [After_Effects_練習.aep] ❸が指定したフォルダ内に作成されます。これでプロジェクトの保存が完了です。

❹ プロジェクトを上書き保存する

編集作業中にこれまでの作業を保存するには、上書き保存を行います。メニューバーの [ファイル] をクリックし、メニューから [保存] ❶をクリックすると現在の状態を保存することができます。また、手順2と同様に [別名で保存] をクリックすると、新しく別の名前をつけたファイルとして保存することができます。

コンポジション

コンポジションを作成する

コンポジションの設定では書き出される動画のサイズや画質、フレームレートなどを変更することができます。編集を始める前に目的に合わせて設定しておきましょう。

① 新規コンポジションを作成する

[コンポジション] パネル❶の中央左側の [新規コンポジション] ❷をクリックすることで、コンポジションを新たに作成します。

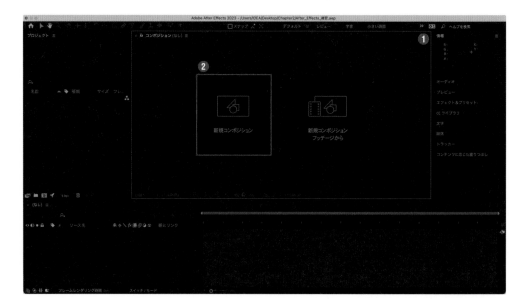

コンポジション

ここではAfter Effectsで取り扱うフレームワークのことを指します。レイヤーとタイムラインによって構成されています。

One Point ▶ **新規コンポジションを追加する**

メニューバーから [コンポジション] → [新規コンポジション] をクリックします。またショートカットキー ⌘ (Ctrl) + N やプロジェクトパネル内の [新規コンポジションを作成] のボタンからも作成することができます。

② コンポジションを設定する

［コンポジション設定］オブジェクト❶が開くので、作成する動画に合った条件を選択していきます。まずは［コンポジション名：Chapter2］❷と入力します。

今回は動画投稿サイトでも対応できるフルHDサイズで作成するため、［基本］のタブから［幅：1920px］、［高さ：1080px］❸に設定します。次に、フレームレートを［フレームレート：24フレーム秒］❹に設定します。

デュレーションでは動画全体の長さを決めることができます。ここでは5秒の動画を作るので［デュレーション：0:00:05:00］❺とします。全ての設定が終わったら［OK］❻をクリックします。

コンポジション設定

コンポジション名： Chapter2

基本　高度　3D レンダラー

プリセット： HD ・ 1920x1080 ・ 24 fps

❸　幅 ： 1920 px

高さ ： 1080 px

☑ 縦横比を 16：9 (1.78) に固定

ピクセル縦横比： 正方形ピクセル

フレーム縦横比：
16：9 (1.78)

❹　フレームレート： 24　フレーム/秒　ドロップフレーム

解像度： フル画質　1920 x 1080、7.9 MB (8bpcフレームあたり)

開始タイムコード： 0:00:00:00 ＝ 0:00:00:00 ベース 24

❺　デュレーション： 0:00:05:00 ＝ 0:00:05:00 ベース 24

背景色：　　　🖋 ブラック

プレビュー　　　　　キャンセル　❻ OK

コンポジションを作成すると［コンポジション］パネルに画面❼が表示されます。

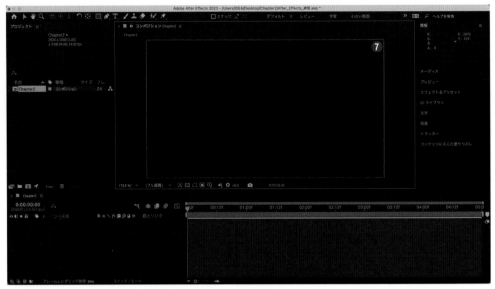

▲この時点ではまだ何も配置していないため、画面は真っ黒の状態です。

One Point **コンポジション設定をあとから変更する**

［コンポジション］パネルの ☰［メニュー］→［コンポジション設定］をクリックするか、⌘（Ctrl）＋
K キーでも、［コンポジション設定］オブジェクトを開くことができます。ここで設定を編集すると、
一度設定したコンポジション設定を後から変更することができます。

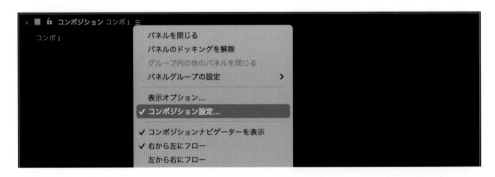

One Point **コンポジションパネルの表示を変更する**

［コンポジション］パネル左下の［拡大率］から
［全体表示］を選択すると、変更したパネルのサ
イズに合わせて画面のサイズも変更してくれま
す。

✎ パネル

パネルを確認する

After Effectsの操作画面は主にパネルと呼ばれる領域で構成されています。ここでは各パネルのよく使う部分について簡単に解説をしていきます。

Lesson 3

---||| ---

① 画面構成を知る

After Effectsでの編集作業では3つのパネルを主に使用します。

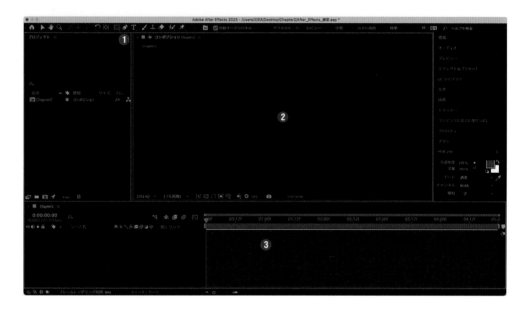

▶ [プロジェクト] パネル❶

プロジェクトで使用する音声や動画、画像などのメディアや素材を読み込んで整理しておくパネルです。取り込んだ素材の名前の変更や確認を行うことに加えて、After Effectsのプロジェクト内だけのフォルダを作ることもできます。

▶ [コンポジション] パネル❷

作成したプロジェクトのプレビューを表示します。マスク (P.64を参照) やテキスト (P.43を参照) などの作成をはじめとするツールを使った作業や、画面で実際の動きを見ながらオブジェクトの位置やスケールを調整する際にはここのプレビュー上で確認しながら行います。

▶ [タイムライン] パネル❸

素材の配置や編集を行い、実際のプロジェクトを作成していきます。横方向は時間軸、縦方向はレイヤーの前後軸になっています。このパネルでは主にレイヤーの細かな設定、アニメーションの調整を行います。現在のフレームを示す青く細長いマーカーは現在の時間インジケーター (インジケーター) と呼ばれ、時間軸に沿って動かして使います。

パネルではさまざまな調整が可能です。ここでは編集中に知っておくと便利な調整方法を紹介します。
一通り試して覚えておきましょう。

▶サイズ変更

パネルの境界線をドラッグすることでパネルの
サイズを変更することができます。

▶結合の解除と移動

パネル名の右にある≣メニューをクリックし「パ
ネルのドッキングを解除」をクリックするとパネ
ルを独立して動かすことができるようになりま
す。

▶パネルの配置を変更する

パネルをドラッグ＆ドロップすることで新たにパネルを配置したり、別のパネルエリア内に並べて配
置することができます。

▶パネルの配置を戻す

誤ってパネルを移動してしまった場合はメニューバーの［ウィンドウ］→［ワークスペース］→［保存さ
れたレイアウトにリセット］をクリックすることで元のレイアウトに戻すことができます。

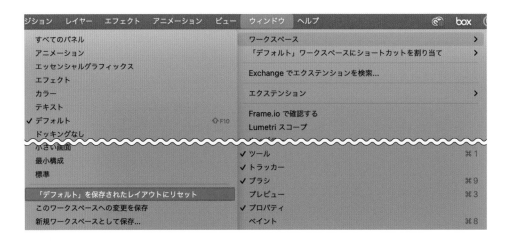

2 表示されていない種類のパネルを表示する

その他にもエフェクトを追加した際には［エフェクトコントロール］パネル（P.84を参照）が出現したり、動画を書き出す際には［レンダーキュー］パネル（P.80を参照）が出現したりと、使用用途に合わせてパネルの表示/非表示が自動で行われます。また、メニューバーの［ウィンドウ］ ❶ から、さまざまなパネルを選択して手動で表示させることができます。すでに表示されているパネルはパネル名の横にチェックマーク ❷ がついています。

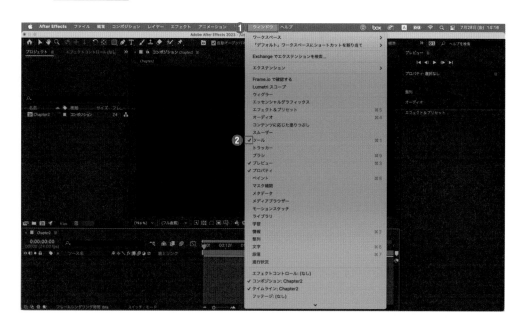

One Point ▶ **その他のパネルについても知っておこう**

After Effectsではここまでに紹介した3つのパネルを中心に大きな構成を設定し、より詳細な編集の部分は以下の3つのパネルを加えて編集を行います。

▶ ［ エフェクト＆プリセット ］ パネル

After Effectsに備わっているビデオエフェクトを検索して、適用するためのパネルです。表示されているフォルダはエフェクトの種類で分類されているため、フォルダ名をたどって探すか、使いたいエフェクトの名前を検索バーに入力して探す2通りの方法があります。

▶ ［ エフェクトコントロール ］ パネル

選択しているレイヤーに適用されているエフェクトの内容を表示、調整することができるパネルです。エフェクトにはそれぞれ異なる細かな設定値があり、それを調整することでより自分の作りたい映像表現を作っていきます。

▶ ［ ツール ］ パネル

手動でより細かい操作を行うために、ボタン操作で切り替えることのできる様々なツールが集まったパネルです。シェイプやテキストを作るなどの目的にあったツールをクリックして選ぶとマウスポインタの形が変わり、主に［コンポジット］パネル上で作業を行います。

*ワークスペース

ワークスペースを確認する

Lesson 4

After Effectsでは作業に合わせてパネルの配置パターンであるワークスペースの変更を行うことができます。操作に合わせて自由に切り替えられるようにしておきましょう。

---

❶ ワークスペースを確認する

まずは現在のワークスペースを確認します。メニューバーの［ウィンドウ］→［ワークスペース］❶
へとマウスカーソルを合わせて進みます。名前の横にチェック❷が入っているワークスペースが現在
画面上に展開されているワークスペースです。

ワークスペース

編集の作業工程に合わせて使いやすいように、パネルの配置をあらかじめ設定された画面構成のことです。自分の好みの配置に編集しその設定を保存することもできます。

One Point ▶ 取り消しとやり直しのショートカット

操作を進めていく中で、誤った操作を行ってしまった場合は ⌘ (Ctrl) + Z キーを押して取り消しすることで操作前の状態に戻すことができます。また、取り消しした操作をもう一度やり直しするには
⌘ (Ctrl) + Shift + Z キーを押します。どちらも多用する操作のショートカットキーですので覚えておきましょう。

② ワークスペースを切り替える

例えばペイント❶を選択すると、編集中の画面を表示するコンポジションパネルと、ペイントするレイヤー自体を表示するレイヤーパネルが並んで表示される画面構成❷になります。ワークスペースも作業に合わせて使いやすいものに切り替えて使用しましょう。

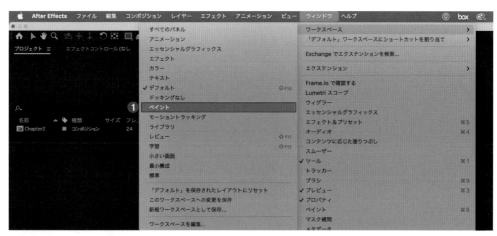

▲本書ではデフォルトの状態で操作解説を進めていきます。

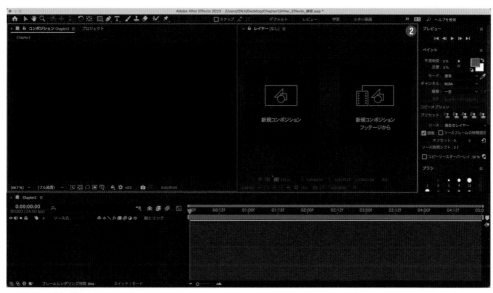

▲使用している環境によっても使いやすいワークスペースは変わってきます。

One Point　ワークスペースバーの表示

画面右端の ≫をクリックするとワークスペースバーを表示します。ここからもワークスペースの切り替えを行うことができます。

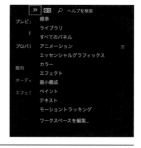

Lesson
5

🔗レイヤー　🔗平面レイヤー　🔗カラーピッカー

レイヤーを作成する

After Effectsのプロジェクトは複数の動画や画像ファイルをレイヤーに配置することで画面上に映し出される位置を決めます。ここでは基本的なレイヤーの作り方を解説します。

❶ レイヤーを新しく作成する

まずは背景となる平面レイヤーを作成していきます。メニューバーの［レイヤー］❶をクリックし、［新規］→［平面］❷をクリックします。平面以外にも、ここから［テキスト］や［調整レイヤー］など様々なレイヤーを選択して作成することができます。

レイヤー

その名の通り、挿入した素材を重ねた構造を指します。レイヤーの中にはその素材によりテキストレイヤーや平面レイヤーなど様々な種類があります。それぞれのレイヤーには新規作成のショートカットキーがあるのでキーボードショートカット（**P.316** 参照）のみでも作成することができます。

---

❷ 平面設定を調整する

［平面設定］ダイアログ❶が開いたら、まずは名前を変更していきます。ここでは背景用とわかるように［名前：背景］❷と名前をつけておきます。デフォルトの状態では［幅］と［高さ］❸はコンポジションに合わせて自動で数値が割り当てられています。

③ カラーピッカーで色を選択する

［カラー］では色を設定できます。［カラー］ボックス❶をクリックすると、［カラーピッカー］ダイアログ❷が表示されます。ここでは［白：#FFFFFF］❸を選択して［OK］❹をクリックします。［平面設定］ダイアログ❺に戻るので、カラーを確認して白色が選択できていたら［OK］❻をクリックして平面を配置します。

タイムラインに平面レイヤー［背景］❼が配置され、［コンポジション］パネルの画面上には白い平面❽が表示されます。

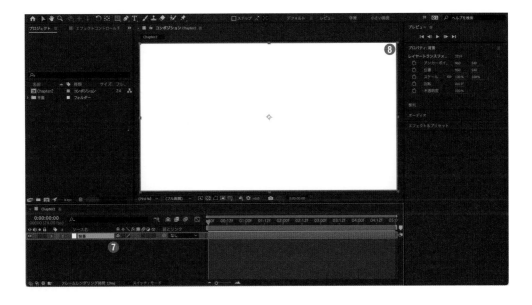

④ レイヤーをロックする

これから作業を行う上で同じようにレイヤーを複数重ねていきます。その際に、誤ってレイヤーを動かさないように［タイムライン］パネルの🔒［ロック］❶をクリックしてレイヤーをロックしておきます。［ロック］はオンになっていると🔒マーク❷が表示されます。

One Point ▶ **カラーピッカーを使いこなそう**

After Effects には色を指定する方法として、カラーボックスをクリックして展開するカラーピッカーを使用します。カラーピッカーは、HSB（色相 / 彩度 / 明度）❶、RGB（レッド / グリーン / ブルー）❷、カラーコード（6 桁の数字）❸の 3 つの方法から色を指定することができます。最初は自分で指定するのは難しいことも多いと思うので、上記の方法以外でも [スポイト] ❹をクリックして選択し、画面上の使いたい色の部分をクリックすると自動でその色を使用色として指定できる機能を使うのも良いでしょう。

🖊 横書き文字ツール　🖊 テキストレイヤー　🖊 水平方向に整列　🖊 垂直方向に整列

Lesson
6

テキストを調整する

［横書き文字ツール］を使ってテキストを作成します。さらにテキストパネルからフォントや大きさなどを調整する方法を解説していきます。

❶ テキストを入力する

［ツール］パネルから ⊤［横書き文字ツール］❶をクリックします。カーソルを［コンポジション］パネルの画面上❷に移動させると、テキスト入力用の形に切り替わります。画面上をクリック❸することでその位置からテキストを入力することができます。

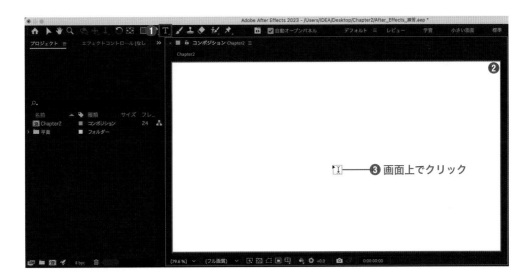

One Point ▶ **ツールの切り替え**

ツールを選択している状態で同じツールアイコンを長押しすると機能が似ている別のツールの一覧が表示され、クリックすることで切り替えることができます。例としてテキストツールには ⊤［横書き文字ツール］と ⊤［縦書き文字ツール］の2つがあり、上記の方法で切り替えることができます。

ここでは [After Effects Basics] ❹と入力しました。すると新たにテキストレイヤー [After Effects Basics] ❺が作成されて、タイムラインの [背景] の上に重なります。上に配置されたレイヤーは画面上で手前に表示されるため、平面レイヤーの上にテキストレイヤーが配置された状態になっています。

❷ テキストの見た目を変更する

テキストが見やすいようにスタイルやフォントを変更していきます。テキスト上をクリックし、ドラッグ＆ドロップしてテキスト全体を選択した状態❶にします。

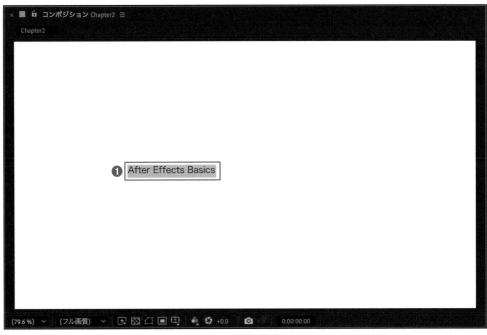

▲テキストは後で整列させることができるので、画面上のどこに作成しても大丈夫です。

［文字（テキスト）］パネル❷をクリックして開き、まずはフォントを変更します。🔽［フォント］❸をクリックすると、メニューが展開し好きなフォントを選択することができます。ここでは［DIN Alternate］❹を選択します。

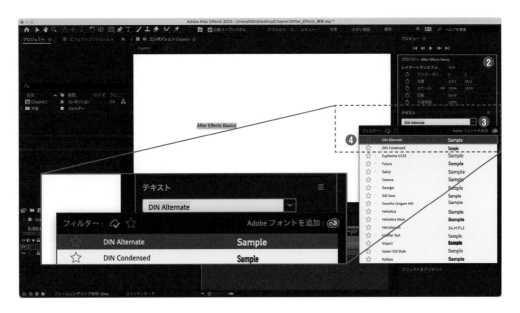

続いて［フォントサイズを設定：100px］**❺**、
［塗り：黒 #000000］**❻**に設定しておきました。

One Point **フォントの選び方**

フォントには日本語用の和文フォントの他に、アルファベット用の欧文フォントがあります。これは和文フォントで使われるひらがな、カタカナ、漢字がどれも正方形の形に収まるように作られているのに対して、欧文フォントはベースラインを基準に作られているためそもそもの設計が大きく異なっているため区別されています。使い分けることでより見た目が整ったテキストを作ることができます。

---

❸ テキストを中央に整列させる

続いてテキストを整列させるために［整列］パネル**❶**を開きます。ここで［レイヤーを整列： コンポジション］**❷**に設定しておくと、設定したコンポジションを参照して整列を行ってくれるようになります。今回は▣［水平方向に整列］**❸**と▣［垂直方向に整列］**❹**をどちらもクリックしてテキストを画面の中央に配置しておきます。

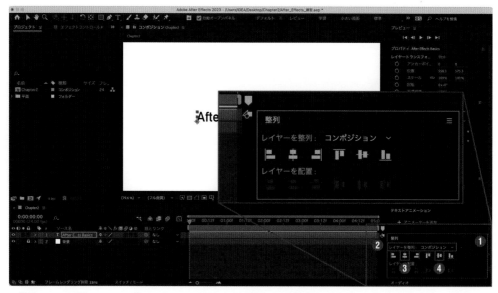

▲ 使用している環境によっても使いやすいワークスペースは変わってきます。

Lesson 7

🔖 新規フォルダー　🔖 読み込み

素材を読み込む

After Effectsで編集できる素材には動画や画像、CGファイルなどの複数の種類があります。ここでは画像ファイルを例にプロジェクトへと読み込む方法を解説します。

‖‖‖

1 新規フォルダーを作成する

素材の数が多くなった時などは整理しやすいように、あらかじめプロジェクト内にフォルダーを作っておくと便利です。今回は既にLesson5で平面レイヤーを作成したため、自動で[平面] ❶という名前のフォルダーが作成されており、フォルダー内には作成した平面[背景]が配置されています。新たにフォルダーを作る場合は、[プロジェクト]パネル左下にある[新規フォルダーを作成] ❷をクリックします。新しいフォルダーが作成され、名前を変更することができるのでここでは[Logo] ❸としました。

❷ 素材を読み込む

フォルダー [Logo] ❶を選択している状態で、メニューバーの [ファイル] ❷をクリックし、[読み込み] → [ファイル] ❸をクリックします。

ダウンロードファイル [Chapter2] の中から、画像ファイル [logo.png] ❹を選択し、[開く] ❺をクリックします。フォルダー [logo] の中に選択した画像ファイル [logo.png] ❻を読み込むことができました。

One Point ▶ ドラッグ & ドロップで直接素材を読み込む

素材を読み込む際には After Effects の [プロジェクト] パネルやフォルダーの中に直接ファイルをドラッグ & ドロップすることもできます。また、読み込みをする際に素材ではなくフォルダー自体を読み込ませることもでき、After Effects のプロジェクト内に自動的にフォルダーが作成されます。効率的に素材を管理するためには After Effects に素材を読み込む前に、整理してフォルダーにまとめておくことをお勧めします。

✐ スケール　✐ ガイド　✐ 位置

コンポジション画面に素材を並べる

タイムラインに並べたロゴやテキストの素材のスケールや位置を変更して、画面内にバランスよく並べていきます。まずはアニメーションの最後に表示したい形を作っていきます。

1 素材を配置する

画像ファイル [logo.png] ❶ を [タイムライン] パネルのレイヤー上にドラッグ＆ドロップ❷ して配置します。新たにレイヤー [logo.png] ❸ が作られます。レイヤーは [タイムライン] パネル上でドラッグ＆ドロップすることで順番を入れ替えることができるので、最も手前（一番上）に配置しておきます。

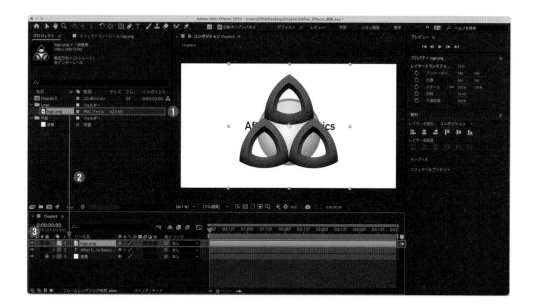

2 ロゴの大きさを変更する

タイムラインパネルでレイヤー [logo.png] ❶ をクリックして選択し、⑤ キーを押すことで [スケール] ❷ を表示します。

ただ配置した状態だと、もとの大きさの100%になっているので小さくしていきます。[スケール]の青い文字をクリックして直接入力し、[スケール：30.0, 30.0%] ❸ とします。また、この青い数値にカーソルを重ねて左右にドラッグすることでも数値を変更することができます。

❸ ガイドを表示する

ここからは各レイヤーの位置を調整していきます。まずは配置の目安となるガイド線を表示させましょう。[コンポジション]パネルの[グリッドとガイドのオプションを選択] ❶ をクリックし、メニューから[タイトル / アクションセーフ] ❷ をクリックします。表示されたガイドは、バランスの確認やあらゆる画面サイズにおいて表示領域の確認に使えるので素材を配置する際に参考にしていきます。

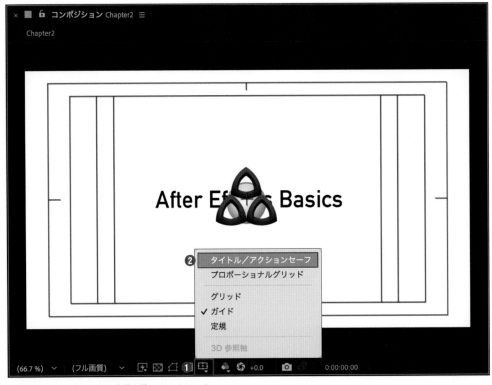

▲ 必要に応じてグリッドや定規も使ってみましょう。

④ **複数クリップを選択する**

[タイムライン] パネル上で Shift キー、または ⌘ (Ctrl) キーを押しながらレイヤーをクリックすると複数のレイヤーを同時に選択することができます。ここではレイヤー [logo.png] ❶と [After Effect Basics] ❷を同時に選択します。

レイヤーを選択した状態で P キーを押すと [位置] ❸が表示され、レイヤーの座標が確認できます。座標は [位置: 横 (X軸), 縦 (Y軸)] の形で表示されています。レイヤーを個別に操作するときは一度タイムラインパネル上の何もない部分❹をクリックすることで選択を解除します。

⑤ **ロゴとテキストの位置を変更する**

レイヤー [logo.png] の [位置] の縦の数字の上にカーソルを合わせて左にドラッグすると、ロゴを上方向へ動かすことができます。ここではガイドを目安に [位置: 960.0, 380.0] 程度❶に移動しました。

また同様にレイヤー [After Effects Basics] の [位置] の縦の数値を増やすことでテキストを下方向へと移動します。ここでは [位置：567.3, 640.0] 程度❷にしました。ロゴとテキストのバランスを考えながら配置していきましょう。

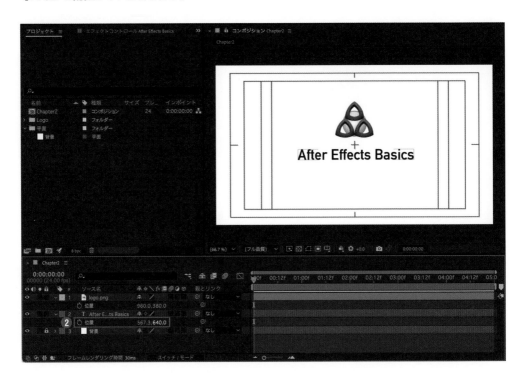

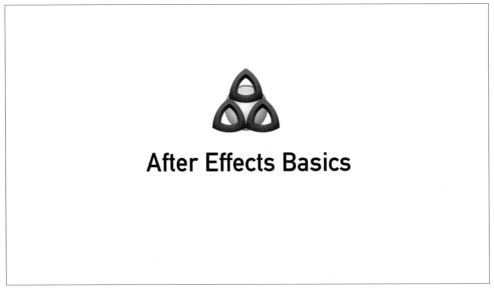

▲これで最終的に表示させたい完成形ができあがりました。

✐キーフレーム　✐回転　✐リニア　✐イージーイーズ　✐グラフエディター

キーフレームでアニメーションを作る

Lesson 9

時間の経過とともに動きやエフェクト、オーディオなどのパラメーターを設定するためには
キーフレームを使用します。まずはロゴの画像に簡単な動きを設定してみましょう。

① 位置のキーフレームを打つ

アニメーションを設定する際は、各要素を最終的に表示したい配置にした完成画面を作り、その配
置をキーフレームとして保管しておくと作業が捗ります。まずはロゴの[位置]のキーフレームを打っ
ていきます。[現在の時間インジケーター]をドラッグして[02:00f]に移動❶します。次にレイヤー
[logo.png] → [位置] → ◎[ストップウォッチ]❷をクリックします。タイムライン上に◆[キーフ
レーム]❸が追加されました。

キーフレーム

そのフレームにおける、[位置]や[スケール]、[回転]などのパラメーターを記録しておくことができます。
同じパラメーターに対してキーフレームを複数設定すると、その間は自動的に2点間の値に変化していく
アニメーションが設定されます。

One Point ▶ **複数選択時のテクニック**

パネル上の何もない場所からドラッグすると白
い枠が表示されます。この枠内に選択したいも
のを含めてから離すと、同時に選択された状態
になります。キーフレームや素材など同時に選
択するものが多いときに便利な方法です。

② キーフレームアニメーションを作る

続いて［現在の時間インジケーター］をドラッグして［01:00f］に移動❶します。ここでレイヤー
［logo.png］→［位置：960.0, 540.0］❷に変更します。すると［01:00f］に2つ目のキーフレーム
❸が作られました。 Space キーをおして再生すると、先ほど設定したキーフレームの数値へと1秒
間かけて移動する動きを確認することができます。

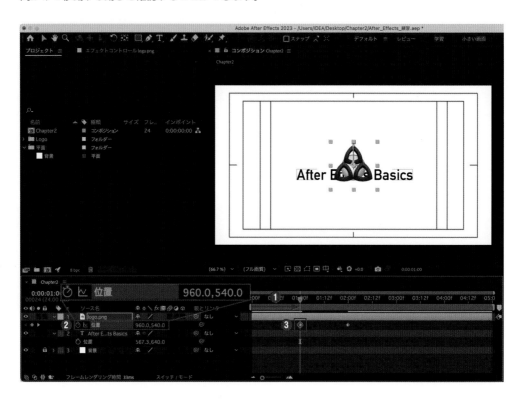

③ キーフレームを移動させる

一度打ったキーフレームはドラッグ＆ドロップすることでフレームを移動させることができます。レ
イヤー［logo.png］の［位置］キーフレーム2つ❶を選択し、そのまま［01:12f］の位置に先頭側の
キーフレームを移動❷します。同時に選択しておくことで、1秒間というキーフレームの間隔を保っ
たまま、［位置］アニメーションが始まるタイミングを変更することができました。

④ 別のキーフレームを追加する

[現在の時間インジケーター] を先頭側の [位置] キーフレームがある [01:12f] に移動❶します。レイヤー [logo.png] ❷を選択している状態で Shift + S キー を押します。すると [位置] のメニューとキーフレームを表示したまま、新たに [スケール] のメニューを開くことができます。[スケール] → ⏱[ストップウォッチ] ❸をクリックしてキーフレーム❹を追加します。

今度は [現在の時間インジケーター] を [00:12f] に移動❺し、レイヤー [logo.png] → [スケール：0.0, 0.0%] ❻に変更します。新しく [スケール] キーフレーム❼が作られて、ロゴが拡大しながら画面中央に登場し、上にスライドするアニメーションが完成しました。

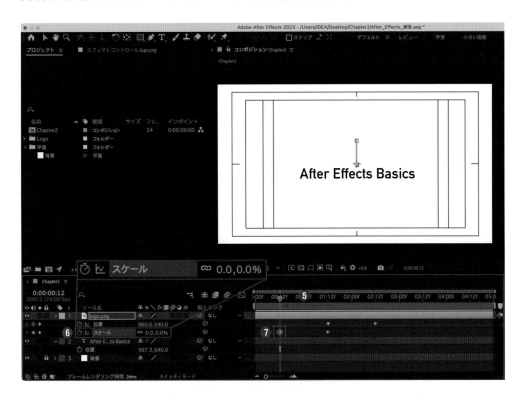

⑤ ポップアップの動きを作る

[現在の時間インジケーター] を末尾側の [スケール] キーフレームがある [01:12f] に移動します。
⌘ (Ctrl) + ← キーを押して [現在の時間インジケーター] を1フレームずつ左に動かすことができます。今回は5フレームほど左に移動 ① してから、レイヤー [logo.png] → [スケール：35.0, 35.0%] ② に変更します。また新たな [スケール] キーフレーム ③ が作られて [スケール] が0%→35%→30% と移り変わるようになり、一瞬だけロゴが大きくなるポップアップの動きが完成しました。

⑥ 回転の動きを加える

さらに今度はロゴを回転させながら登場させてみましょう。[現在の時間インジケーター] を [01:12f] に移動 ① します。レイヤー [logo.png] ② を選択している状態で Shift + R キーを押します。今度は [回転] のメニューが開くので、[回転] → ◎ [ストップウォッチ] ③ をクリックしてキーフレーム ④ を追加します。

続いて [現在の時間インジケーター] を [00:12f] に移動 ⑤ し、レイヤー [logo.png] → [回転： 0x -180.0°] ⑥ に変更します。これまで同様に新たな [回転] キーフレーム ⑦ が作られて、ロゴが時計回りに回転しながら登場するようになります。

この回転のアニメーションも手順5で［スケール］でポップアップの動きを作った時と同じ方法で、［01:07f］でレイヤー［logo.png］→［回転：0x+20.0°］ **⑧** にすることで弾力のある動きの表現を作ります。

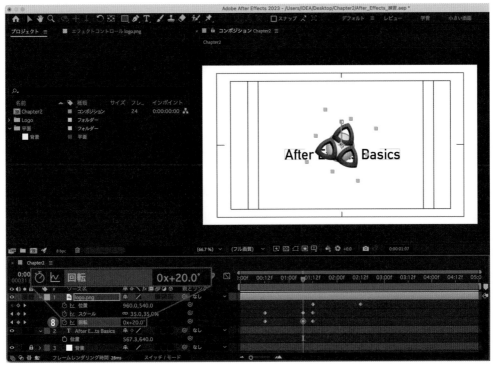

▲アニメーションの中間にキーフレームを打つことでより細かなコントロールができます。

⑦ 動きを滑らかにする

デフォルトままだと、キーフレーム間の変化は一定の速度になる［リニア］が設定されています。今回は動きを滑らかにするために全てのキーフレームを選択**①**しておいてから、右クリックしてメニューから［キーフレーム補助］→［イージーイーズ］**②**をクリックし、滑らかな動きになる［イージーイーズ］の設定に変更します。

キーフレームのマーク❸が変化し、動きが変化したことが可視化されます。

⑧ グラフで動きを確認する

 [グラフエディター] ❶をクリックするとタイムラインの表示が切り替わり、選択しているプロパティの各要素のキーフレームで設定した動きをグラフの形で確認することができます。

表示されたグラフ上で右クリックしてメニューから [速度グラフを編集] か [値グラフを編集] ❷を選択すると、それぞれのグラフを切り替えて確認することができます。値グラフ❸はプロパティの各要素の数値の変化を時系列で確認することができ、速度グラフ❹は0を中心に各要素の数値が変化する速度を確認することができます。また、[グラフエディター] 上でもマウス操作で編集することができます。

⑨ 速度を調整する

最後に［グラフエディター］での確認や、何度か再生したりして納得のいくアニメーションの動きを
作っていきます。作例ではロゴが登場する動きを少し速くしておきたかったので、末尾側の［位置］
キーフレームをドラッグして［02:00f］に移動❶させました。

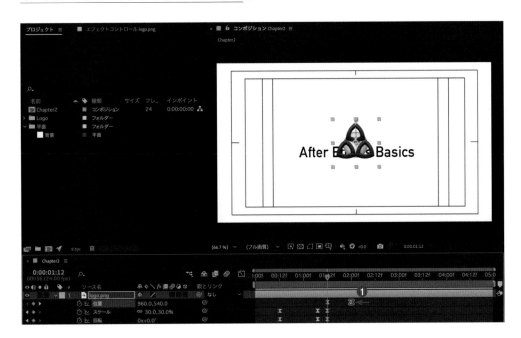

イージングを知ろう

イージングとはキーフレームによるアニメー
ションに緩急をつけて制御する方法です。通常、
キーフレームを打っただけのアニメーションで
は2点間の変化が一定の速度であるリニアと呼
ばれる変化をします。

ここで、イージーイーズを適用すると変化の速
度に緩急をつけることができ、開始点から徐々
に変化の速度が上がっていき、そこから終了点
に向かって今度は変化の速度が下がっていく設
定になります。

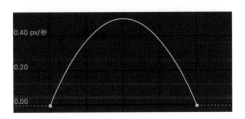

さらに、この変化の速度を開始点側で大きくすることをイーズイン、終了点側で大きくすることイーズ
アウトと呼び、それぞれ速度グラフを編集することで細かく設定することができます。

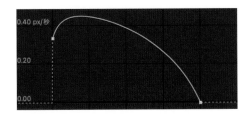
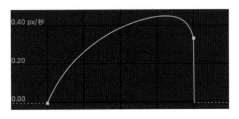

🔗 アニメーションプリセット　🔗 ストレートイン（単語）　🔗 範囲セレクター

テキストアニメーションを作る

テキストにアニメーションを加え凝った動きを作る際には、アニメーションプリセットを使うことで、初心者でも簡単かつ効率的にアニメーションを作ることができるようになります。

――――――――――――――― ||| ―――――――――――――――

❶ アニメーションが始まるところにレイヤーを合わせる

タイムライン上の［現在の時間インジケーター］をドラッグして［01:12f］に移動❶します。続いてアニメーションを作る対象となるテキストレイヤー［After Effects Basics］❷を［現在の時間インジケーター］を目印にドラッグ＆ドロップしてレイヤーの先頭を移動❸させます。

One Point ▶ **レイヤー操作のショートカットキーを知ろう**

After Effects の操作早く慣れるためにも、使用頻度の高いレイヤー操作のショートカットキーの使い方を覚えておきましょう。また、既に他の編集ソフトを使っていてそのショートカットキーと同じ設定を割り当てたい場合は、［ホーム］メニューの［ショートカットキー］から設定を変更することができます。

右の画像は動きの説明のために、ショートカットキー適用前の状態を示しています。

▶ `[` キー（`]` キー）
現在の時間インジケーターに先端（後端）を合わせます。レイヤー全体の長さを変えず、そのまま移動して使用する場合に使います。

▶ `Option`（`Alt`）+ `[` キー（`]` キー）
現在の時間インジケーターのフレームでカットし、新たに先端（後端）を作ります。レイヤーは移動せずに、その場で不要な部分をカットしたい場合に使います。

どちらも `[` キーをレイヤーの末端の向きだとイメージすると直感的に覚えやすいです。

❷ アニメーションプリセットを追加する

[エフェクト＆プリセット] パネル❶をクリックして開きます。ここからレイヤーに対してエフェクトやプリセットを追加することができます。ここでは [アニメーションプリセット] → [Text] → [Animate In] ❷へと展開していきます。レイヤー [After Effects Basics] の先頭に合わせて [ストレートイン（単語）] ❸をドラッグ＆ドロップして適用❹します。

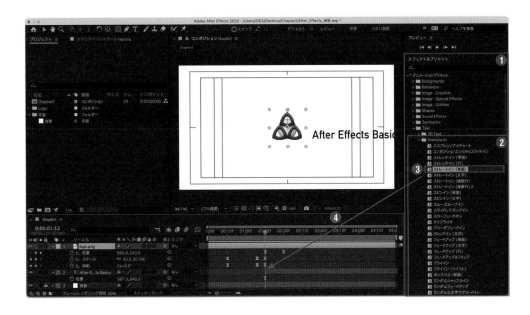

再生してアニメーションを確認するとロゴとテキストが接触してしまっていたので、テキストが後から登場するようにレイヤー [After Effects Basics] の先頭を [01:18f] へ移動❺しました。

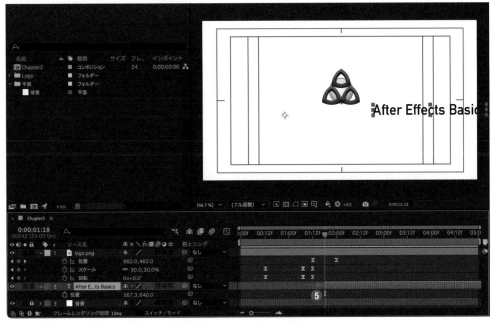

▲アニメーションを追加したときは、こまめに再生して動きの確認と調整をしましょう。

③ プリセットを調整する

レイヤー［After Effects Basics］を選択した状態で U キーを押すことで適用したアニメーションの<u>キーフレーム❶を表示することができます</u>。先頭側のキーフレームに［現在の時間インジケーター］<u>を移動❷</u>します。

レイヤー［After Effects Basics］の ∨ メニュー❸を2回クリックして再展開し、［アニメーター1］→［範囲セレクター1］→［位置：980.0, 0.0］程度❹に変更してテキストの開始地点を画面右へとずらしておきます。画面の右端からテキストがスライドする動きを作ることができました。

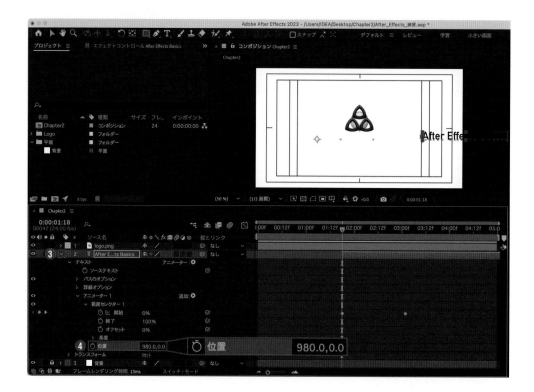

アニメーションプリセット

ここでは1つ1つは単純なエフェクトやアニメーターを組み合わせることで、複雑な1つのアニメーションにまとめた設定のことです。エフェクトと同様の方法で[エフェクト＆プリセット]パネルから検索して適用することができます。また、自分で自由にプリセットを設定し保存しておくことで、使いたいときにいつでも呼び出すことができます。

---

④ テキストの範囲をマスクで設定する

[現在の時間インジケーター] をドラッグして [03:02f] に移動❶します。レイヤー [After Effects Basics] を選択した状態で、[ツールバー] → [長方形ツール] ❷をクリックします。

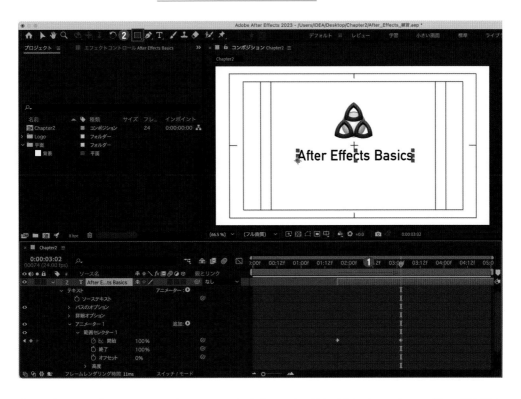

[コンポジション] パネルの画面上で、テキストを表示したい範囲を囲うようにドラッグして形を描く❸と、その範囲内だけにテキストが表示されるようになります。このように特定の部分を隠したり、表示させる機能をマスク（P.64参照）と呼びます。

⑤ キーフレームの間隔を調整する

［ストレートイン（単語）］のプリセットを追加したことで［範囲セレクター1］→［開始］にキーフレーム❶が追加されています。このキーフレームはこれまでのものと同様に自由に動きを調整することができます。今回は［03:00f］に末尾側のキーフレームを移動❷し、テキストが中央へと入ってくるスピードを速くします。

最後に、キーフレーム❸を2つとも選択して、右クリックのメニューから［キーフレーム補助］→［イージーイーズ］❹をクリックして滑らかな動きにしておきましょう。

マスク

マスクとは、他と区別したい特定の領域をパスで囲うことで定義したものです。ペンツールやシェイプツールで作成し、時間とともに変化させることもできます。マスクの領域を指定することで、特定の領域のみにエフェクトを適用させたり、表示を切り替えることができ編集でできることの幅が大きく広がる重要な要素です。

⬭長方形ツール　⬭シェイプレイヤー　⬭アンカーポイント　⬭アンカーポイントツール

Lesson
11

シェイプアニメーションを作る

長方形ツールを使って基本的なシェイプを作り、そのシェイプの動かしながら登場と退場のアニメーションを作っていきます。

――― ‖‖‖ ―――

⬡1　長方形シェイプを作成する

レイヤーの選択がない状態で、[ツールバー] →■[長方形ツール] ❶をクリックします。[長方形ツール] は [コンポジション] パネルの画面上❷でドラッグ＆ドロップすることで任意のサイズの長方形シェイプを描くことができます。ここではテキストの登場する部分に合わせて<u>縦長の長方形シェイプ</u>❸を作成しました。

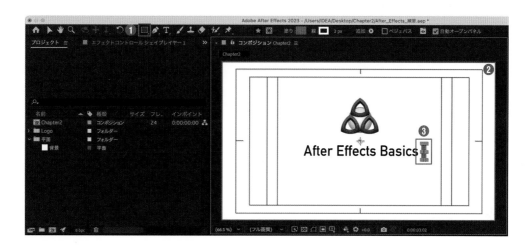

One Point **シェイプツールを使い分けよう**

　シェイプツールは何も選択されていない状態だとシェイプレイヤー、レイヤーを選択した状態だとそのレイヤーにマスクを作成することができます。基本となるのは■[長方形ツール] で、アイコンを長押しすると図形の種類が異なるツールに切り替えることができます。また、アイコンをダブルクリックすると現在のコンポジションのサイズに合わせて図形が作られるという機能があります。

▶ ■角丸長方形ツール

長方形ツールの角に丸みが加わった図形を作ることができます。 Shift キーを押しながら [コンポジション] パネル上でドラッグすると正方形を作ることができます。

▶ ●楕円形ツール

円を作りたいときに使用します。 Shift キーを押しながら [コンポジション] パネル上でドラッグすると正円を作ることができます。

▶ ⬣多角形ツール

ドラッグ中に ⬆ もしくは ⬇ キーを押すごとに図形の角の数を変更できます。

▶ ★スターツール

ドラッグ中に ⬆ もしくは ⬇ キーを押すごとに星の角の数を変更できます。

シェイプを作成すると［タイムライン］パネルのレイヤーに新しく［シェイプレイヤー1］④が作成されます。［シェイプレイヤー1］を選択すると、［ツールバー］のメニューでそのシェイプの塗りと線の編集を行うことができます。今回は［塗り：#000000］⑤とし、シェイプの枠線は［線：0px］⑥として非表示にしました。

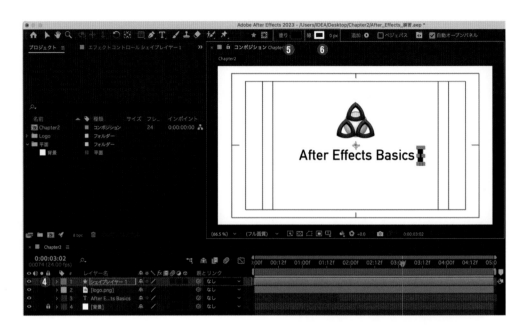

最後にレイヤー［シェイプレイヤー1］⑦を右クリックし、メニューから［名前を変更］⑧をクリックして、わかりやすいように［長方形シェイプ］に変更しておきます。

アンカーポイント

レイヤーやオブジェクトの中心となる点です。回転やスケールなどの動きの基準点としての役割を持っています。

---

2 アンカーポイントを設定する

レイヤー［長方形シェイプ］を選択し、Ａキーを押して［アンカーポイント］❶のメニューを表示します。［ツールバー］→▣［アンカーポイントツール］❷をクリックします。［アンカーポイントツール］はシェイプの位置を動かすことなく、アンカーポイント❸のみをドラッグ＆ドロップで動かすことができます。

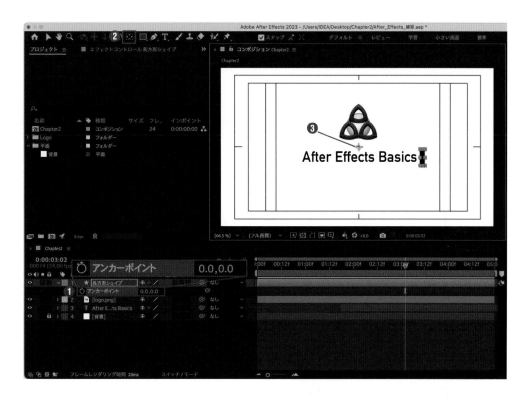

ツールバーメニューで［スナップ］❹をオンにすると、周りに配置してあるレイヤーに合わせてアンカーポイント❺を移動できるので、ここでは長方形シェイプの上側の辺の中央にアンカーポイントを配置しておきましょう。

③ シェイプをスライドさせる

テキストのアニメーションに合わせて、シェイプのアニメーションを作っていきます。[タイムライン] パネル→レイヤー [長方形シェイプ] ❶ を選択し、Shift + P キーを押して [位置] のメニューを表示します。[現在の時間インジケーター] を [03:00f] に移動 ❷ し、レイヤー [長方形シェイプ]→◉ [ストップウォッチ] ❸ をクリックしてキーフレームを作成します。

次に [現在の時間インジケーター] を [01:18f] へ移動 ❹ し、[コンポジット] パネルの画面上で [長方形シェイプ] を左側へドラッグ ❺ して配置します。新しい [位置] キーフレームが作成され、[長方形シェイプ] が左から右へと等速でスライドするアニメーションができました。

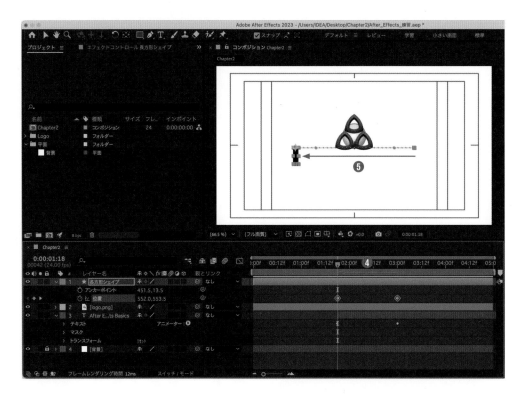

これまで同様に、[位置]キーフレーム2つ❻を選択して、右クリックのメニューから[キーフレーム補助]→[イージーイーズ]❼をクリックして、イージーイーズを適用します。

▲ イージーイーズは F9 キーのショートカットで適用しても問題ありません。

❹ シェイプの移動速度を編集する

[グラフエディター]❶をクリックしてグラフ表示に切り替えたら、グラフ上で右クリックしてメニューから[速度グラフを編集]❷をクリックし、速度グラフに切り替えます。

速度グラフの末端❸をクリックするとハンドル❹が表示されます。ここではハンドルを操作することで速度変化を調整していきます。グラフ後ろ側のハンドルを前へとドラッグ❺して、グラフの前方で急に速度が速くなり、後半になるにつれて緩やかになる形にします。

⑤ シェイプを登場させる

まずはスケールでシェイプの登場のアニメーションを作成します。［タイムライン］パネルの■［グラフエディター］❶をクリックし、タイムラインの表示を元に戻します。［現在の時間インジケーター］を［01:18f］に移動❷し、レイヤー［長方形シェイプ］❸を選択し、Shift + S キーを押して［スケール］のメニューを表示して、［スケール］→■［ストップウォッチ］❹でキーフレームを作成します。

続いて ⌘（Ctrl）+ Shift + ← キーを押し10フレーム前に移動❺します。レイヤー［長方形シェイプ］→［スケール：0.0, 0.0%］❻に変更してキーフレームを作成し、［長方形シェイプ］のスケールをアンカーポイントを中心に拡大させることで登場の動きができました。

6 シェイプを退場させる

今度は反対に退場のアニメーションを作成します。［現在の時間インジケーター］を［03:00f］に移動
❶し、レイヤー［長方形シェイプ］→［スケール］→◆［現時点でキーフレームを加える、または削除
する］❷をクリックして新しいキーフレームを作成します。

⌘（Ctrl）＋Shift＋→キーで10フレーム後ろに移動❸し、［スケール：0.0, 0.0%］❹に変更し
て、［長方形シェイプ］が移動後に消える動きを作ることができました。

最後に［スケール］キーフレーム4つ❺は手順3と同様の方法で［イージーイーズ］を適用し、動き
を滑らかにしておきます。

テキストアニメーションを作る

Lesson 12

🔗マスク 🔗モーションブラー

テキストも細かいアニメーション設定をすることができます。Lesson10で作成したマスクを使ってテキストがシェイプから出現するアニメーションを作ります。

---

① テキストをシェイプに合わせて表示させる

Lesson10で作成したマスクをテキストのアニメーションに合わせて編集していきます。レイヤー [After Effects Basics] を選択し、Mキーを押して [マスク] ❶のメニューを表示します。[現在の時間インジケーター] を [03:00f] に移動❷し、レイヤー [After Effects Basics] → [マスク 1] → [マスクパス] → 🔘[ストップウォッチ] ❸をクリックしてキーフレームを作成します。

[ツールバー] パネル→▶[選択ツール] ❹をクリックし、[コンポジション] パネルの画面内で [マスク] ❺をダブルクリックして選択します。

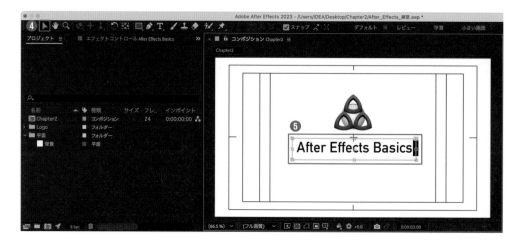

ドラッグ操作で[マスク]を移動させ、[マスク]の右端を[長方形シェイプ]に合わせる❻ことで、テキストが[長方形シェイプ]から登場するように見せることができます。

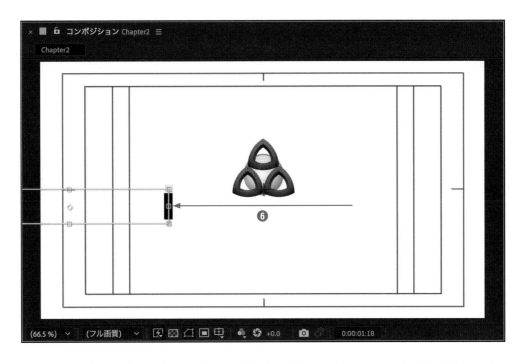

同様の方法で[01:18f]から[03:00f]の間で[現在の時間インジケーター]を移動させながら、計4か所程度、[マスク]の位置を[長方形シェイプ]に合わせる❼ことで[マスクパス]キーフレーム❽を作成します。テキストの登場の動きを確認して、必要があれば数を増やして調整を行います。

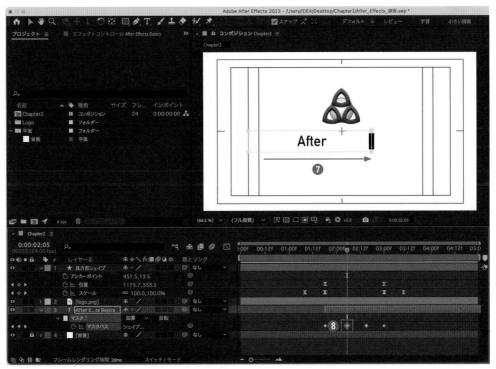

▲アニメーションの編集ではインジケーターを左右に操作して動きを確かめながら進めます。

② テキストに勢いをつける

最後にレイヤー［After Effects Basics］を選択し、🖌️［モーションブラー］❶をクリックして適用します。テキストにブラーのブレ❷が追加され、勢いを演出することができます。

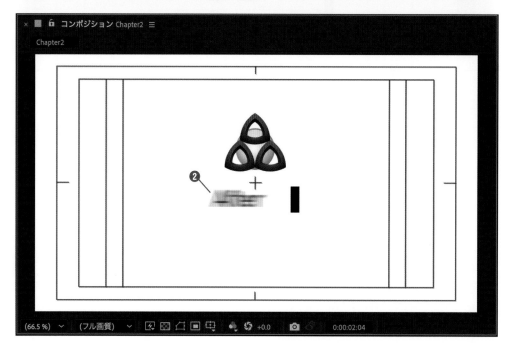

One Point ▶ **データはこまめに保存する**

ショートカットキー ⌘（Ctrl）＋ S キーでも保存ができます。作業中にパソコンやソフトが突然停止してしまった時にデータを失わないためにも、定期的に保存を行うと良いでしょう。

@ プリコンポーズ　@ 不透明度

新規コンポジションを設定する

複数のレイヤーを1つにまとめる機能をプリコンポーズと呼びます。適用すると新規コンポジションとして格納され、そのコンポジションの中にまとめたレイヤーが含まれます。

1 プリコンポーズを行う

[タイムライン] パネル→レイヤー [背景] の🔒[ロック] ❶をクリックして解除しておきます。作成した全てのレイヤー❷を選択し、右クリックのメニューから [プリコンポーズ] ❸をクリックします。

[プリコンポーズ] ダイアログ❹が表示されるので、[新規コンポジション名：2048/858] ❺と名前を付けます。ここではエフェクトやキーフレームなどの属性をレイヤーに適用するか、プリコンポジションに移行するかを設定する事が可能です。今回は [すべての属性を新規コンポジションに移動] ❻を選択した状態で [OK] ❼をクリックします。

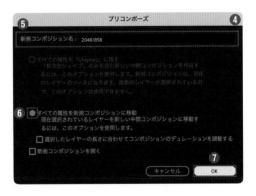

新しくコンポジション [2048/858] ❽が作成されました。プリコンポーズでまとめられたレイヤー
❾は、てのコンポジションをダブルクリックして [タイムライン] パネルで聞いて編集することがで
きます。

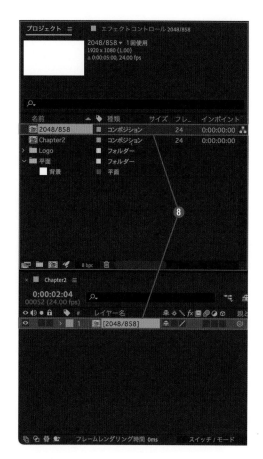

❷ コンポジション設定を変更する

コンポジション [2048/858] を開いている状態❶で、[メニューバー] をクリックし、[コンポジショ
ン] → [コンポジション設定] ❷をクリックします。

[コンポジション設定] ダイアログ❸が開くので、[縦横比を固定] ❹のチェックを外してから、[幅：2048px]、[高さ：858px] ❺に変更します。この比率は映画などで使われるシネマスコープと呼ばれる画面サイズです。[OK] ❻をクリックしてダイアログを閉じます。

❸ コンポジションに合わせて拡大する

[タイムライン] パネルでレイヤー [背景] ❶を選択し、右クリックしてメニューから [トランスフォーム] → [コンポジションの幅に合わせる] ❷をクリックします。レイヤー [背景] のサイズがコンポジションの横幅に合わせて変更されます。

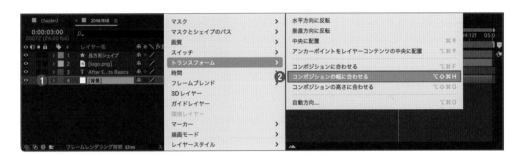

❹ 黒帯の背景を作る

このままの状態でも上下に映画で見るような黒帯❶が設定されていますが、[コンポジション] パネル→■[透明グリッド] ❷をクリックしてオンにすると、黒く見えていた部分が実際は透明であることが確認できます。

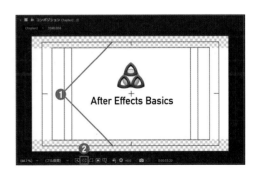

［メニューバー］をクリックし、［レイヤー］→［新規］→［平面］**③**をクリックして、［平面設定］ダイアログ**④**を開き、［カラー：#000000］**⑤**としたら［OK］**⑥**をクリックして［ブラック平面1］を作成します。

レイヤー［ブラック平面1］はドラッグしてコンポジション［2048/858］の下に移動**⑦**させます。

⑤ 画面を黒でフェードアウトさせる

コンポジション［2048/858］ ❶を選択し T キーを押して［不透明度］のメニューを表示します。［現在の時間インジケーター］を［04:00f］に移動❷し、［不透明度］→ ⏱［ストップウォッチ］❸をクリックしてキーフレームを作成します。

続いて［現在の時間インジケーター］を［04:12］に移動❹し、［不透明度：0%］❺にしてキーフレームを作成します。徐々にコンポジションレイヤーが透明になり、その後ろに配置した黒の背景が表示され画面を暗転させるアニメションができました。もう少しゆっくり消えてほしい場合は末尾側のキーフレームをドラッグ❻して調整します。これで基本のテキストモーションは完成です。

Lesson
14

🖉 レンダリング

動画の書き出しを行う

編集したままのプロジェクトファイルは After Effects でしか再生できません。編集したコンポジションの情報を動画ファイルとして書き出し、異なる媒体でも再生できるようにします。

1 書き出しの方法を選ぶ

書き出し方法はいくつかありますが、ここでは After Effects で直接書き出す方法を解説します。[プロジェクト] パネル→コンポジション [Chapter2] ❶を選択し、メニューバーの [ファイル] をクリックし、メニューから [書き出し] → [レンダーキューに追加] ❷をクリックします。

[タイムライン] パネルに [レンダーキュー] ❸のタブが追加されます。

2 書き出し設定を行う

［タイムライン］パネル→［レンダーキュー］→［Chapter2］→［出力先］❶の青い文字をクリックします。書き出した動画の保存先を指定するダイアログが出てくるので、［名前：Chapter2.mp4］❷とし、任意のフォルダを指定して［保存］❸をクリックして閉じます。［出力モジュール］では細かな書き出し形式を設定することができます。［出力モジュール］❹の青い文字をクリックすると、［出力モジュール設定］ダイアログ❺が出てくるので、ここでは［メインオプション］→［形式：H.264］❻に設定して［OK］❼をクリックして閉じます。

設定ができたら［レンダリング］❽をクリックすることでAfter Effectsからそのまま書き出しが行われます。これで基本的な機能を一通り使って、動画を完成させることができました。

One Point ▶ **Media Encoder で動画を書き出そう**

After Effects のアプリケーションをインストー
ルする際に、同じく Adobe 社が提供するレンダ
リング用のアプリケーション Adobe Media
Encoder がインストールされます。

Media Encoder ではより詳細に条件を設定して画像を書き出すことができます。また、After Effects
からでもレンダリングはできますが、4 K サイズの高画質動画や、書き出す動画の時間が長かったりす
るとレンダリングに時間がかかるため、Media Encoder でレンダリングすることでその間も After
Effects を使用できるというメリットがあります。

▶ **Media Encoder で書き出す**

手順 2 の途中で [AME でキュー] をクリック、もしくは書き出したいコンポジションを開き、メニュー
バーの [ファイル] のメニューから [書き出し] → [Adobe Media Encoder キューに追加] をクリッ
クします。

Media Encoder が起動し、キューに書き出したいコンポジションが追加されます。[形式]、[プリセッ
ト]、[出力ファイル]、[レンダラー] とオプションを選択し、右上の ▶[キューを開始] をクリック
してエンコードを開始して書き出します。

モーショングラフィックを作る

この章では撮影した動画素材を使ってモーショングラフィックスを作成していきます。
テキストやオブジェクトの加工は場面を切り替えるトランジションやオープニングなど
様々な場所に応用できるテクニックです。

Lesson 1

🖉 フラクタルノイズ　🖉 エクスプレッション

テクスチャ背景を作る

新規平面に、フラクタルノイズのエフェクトを加えることでテクスチャ背景を作成します。
エフェクトの種類を変えることで様々な背景を作ることができます。

❶ 練習用ファイルを開く

ダウンロードした教材データから［Chapter3］
→［Chapter3.aep］❶を開きます。

< > **Chapter3**

❷ フラクタルノイズを設定する

メニューバーの［レイヤー］のメニューから［新規］→［平面］❶をクリックし、新規平面を作成します。［平面設定］ダイアログはデフォルトのままで［OK］❷をクリックします。

［エフェクト］パネルの検索欄❸から、［フラクタルノイズ］❹を検索してダブルクリックで適用します。エフェクトを適用すると［エフェクトコントロール］パネル❺が表示されます。ここではエフェクトの細かな調整を行うことができます。

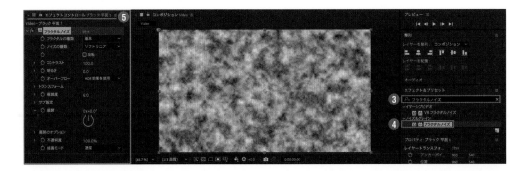

［エフェクトコントロール］パネル→［フラクタ
ルノイズ］→［コントラスト］と［明るさ］では
白いノイズ部分の表示を調整できるので、［コン
トラスト : 20.0］、［明るさ : -40.0］ **⑥** に設定し
ます。さらに［トランスフォーム］→［スケール :
300.0］ **⑦** 程度に拡大してノイズ部分を大きく
表示します。

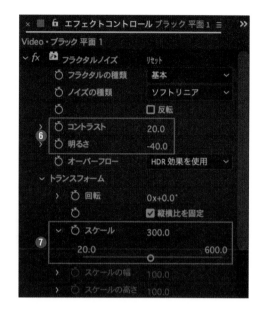

③ ランダムシードでノイズを動かす

続けて、［展開のオプション］→［ランダムシー
ド］ **①** の値を動かすとノイズをランダムに動か
すことができます。

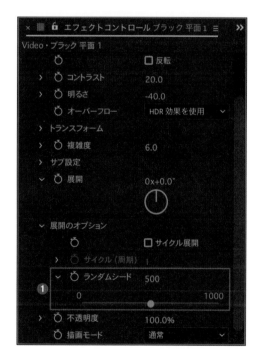

［ランダムシード］→ ［ストップウォッチ］❷を Option（ Alt ）キー＋クリックしてエクスプレッションを追加します。［タイムライン］パネルで、［展開のオプション］→［ランダムシード］のエクスプレッションが展開しているので、コードを［time*2］に書き換え❸ます。1秒間に2回ノイズがランダムに展開するようになります。

❹ 複雑度でノイズを調整する

［エフェクトコントロール］パネルに戻り、［複雑度: 3.0］❶にすることでノイズの形がシンプルになります。ここで最終的な質感を調整して完成させましょう。

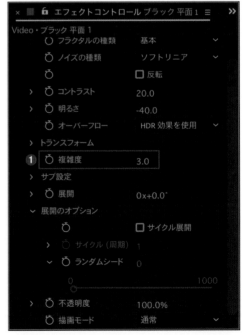

▲エフェクトの設定はタイムラインパネル上でも同じように変更することができます。

Lesson
2

🖉 不透明度のフリッカーイン　🖉 トラックマット　🖉 描画モード

テキストを点滅させる

アニメーターを追加すると、テキストに複雑な動きをつけることができます。ここからは
テキストアニメーションの編集方法を学んでいきましょう。

❶ テキストを配置する

まずは🅣 横書き文字ツール❶でテキストレイヤー [INTRO] を作成します。後から画像を投影させるの
で、フォントはゴシック体など太めのものを選びましょう。今回は [テキスト] パネルで [フォン
ト：DIN Condenced]、[スタイル：Bold]、[サイズ：400px]、[塗り：#FFFFFF]、[ストローク：
なし] ❷、[段落] パネル→🔳 テキストの中央揃え] ❸と設定しています。[整列] パネル→🔳 [水平
方向に整列] と 🔳 [垂直方向に整列] ❹をクリックして、テキストをコンポジションの中心に配置し
ておきましょう。

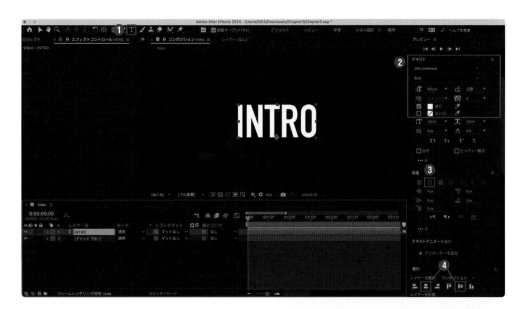

さらに今回は 🔳 [アンカーポイントツール] ❺に
切り替えて、レイヤー [INTRO] のアンカーポイ
ントをテキストの中央へとドラッグして移動❻
しておきます。

❷ テキストアニメーションを追加する

[エフェクト＆プリセット]パネルをクリックし、
[アニメーションプリセット]→[Text]→[Animate
In]→[不透明度のフリッカーイン]❶をダブル
クリックで適用するとテキストが点滅しながら
登場するアニメーションが追加されます。

❸ アニメーションを調整する

[タイムライン]パネルに移り、レイヤー[INTRO]❶を選択した状態で U キーを押してキーフレー
ムを表示させます。

全てのキーフレームが見えるように、タイムナビゲーターを動かし❷て、タイムラインの表示を拡大
します。テキストが登場した後に点滅する余分な[不透明度]のキーフレーム❸を選択し、 Delete
キーを押して削除します。

今回は動画の開始1秒までにテキストの点滅を終わらせたいので、[不透明度] の最後のキーフレームと [終了] のキーフレーム❹が [01:00f] に合うように、まとめて移動しておきます。

▲ キーフレームはインジケーターを目印にし、まとめて移動させるのがコツです。

さらに [不透明度] の前側のキーフレーム群❻を [00:12f] 付近に配置を調整しました。

❹ テキストにテクスチャを追加する

塗りのないテキストレイヤー [INTRO] にテクスチャ画像を挿入します。プロジェクトパネルから画像 [INTRO_Texture.jpg] ❶をタイムラインにドラッグ&ドロップ❷します。§キーを押して、[スケール: 70.0, 70.0%] ❸としてテキストに大きさを合わせます。

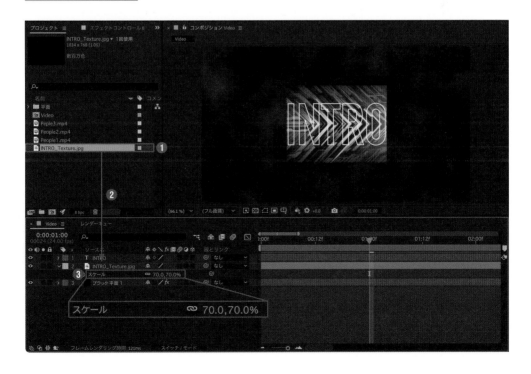

タイムラインパネル下の［スイッチ/転送制御メニュー］❹をクリックすると、タイムラインパネルのボタン表示が切り替わります。今回は［トラックマット］❺を使用するので表示させておきます。トラックマットの ◎［親ピックウィップ］❻をドラッグしてテキストレイヤー［INTRO］にドロップ❼すると［トラックマット：INTRO］となりテキストの形に合わせて画像が表示されるようになります。

5 テクスチャを調整する

テキストに投影した状態でもテクスチャ画像を調整することができます。［エフェクト＆プリセット］パネルで［高速ボックスブラー］❶を検索し、ダブルクリックで適用します。［エフェクトコントロール］パネル→［高速ボックスブラー］→［ブラーの半径：20.0］❷とし、テクスチャをぼかして主張を弱めます。

6 テキストにフレームを作る

テキストレイヤー［INTRO］をコピー＆ペーストで複製し、複製レイヤーに［INTRO_Frame］❶と名前を付けます。トラックマットで非表示になっている状態のままコピーされているので、 ◉［ビデオの表示］❷をクリックしてON状態に切り替えます。

レイヤー [INTRO_Frame] ❸ を選択し、[テキスト] パネルで [塗り：オフ]、[ストローク：#FFFFFF]、[線幅を設定：5px] ❹として枠線だけの表示にします。[タイムライン] パネルに戻り、[描画モード：オーバーレイ] ❺に設定すると明るめのエッジになります。

❼ まとめて動きをつける

テキストの動きをまとめてつけるために関連するレイヤーを紐づけます。レイヤー [INTRO_Frame] とレイヤー [INTRO_Texture.jpg] の [親とリンク：INTRO] ❶と指定します。これによりテキストレイヤー [INTRO] への編集がこれらのレイヤーにも反映されるようになります。

▲ヒップウィックを使わずに、ボックスメニューから選択することもできます。

テキストレイヤー [INTRO] ❷を選択し S キーを押して、[スケール] → ⏱ [ストップウォッチ] ❸を
クリックして [01:00f] にキーフレームを打ちます。

次に [現在の時間インジケーター] を [00:00f] に移動❹し、[スケール：90.0,90.0%] ❺と設定し
てキーフレームを打ちます。これで紐づけられた2つのレイヤーも一緒に拡大するようになります。

最後に3つのレイヤー❻を選択し、[現在の時間インジケーター] を [01:03f] に移動❼し、 Option
(Alt)+] キーを押してレイヤーをまとめてカットします。

One Point ▶ 親とリンクとトラックマットを活用しよう

[タイムライン] パネルの機能として、親とリンクとトラックマットがあります。親とリンクでは親レ
イヤーを指定すると、その動きに同期させることができます。複数のレイヤーを一緒に動かしたいとき
に便利な機能です。一方で、トラックマットではレイヤーを指定し、そのレイヤーの不透明度（アル
ファマット）もしくは輝度（ルミナンスマット）を元にレイヤーを投影させることができます。

🖉縦書き文字ツール　🖉アニメーター　🖉モーションタイル　🖉塗り

テキストをタイル状に広げる

シンプルなテキストでもエフェクトとアニメーションを使うことで画面上のインパクトを強めることができます。

❶ 縦にテキストを配置する

[現在の時間インジケーター] を [01:04f] に移動❶させます。🆃 [縦書き文字ツール] ❷を選択し、[GUESTS] と入力❸してテキストレイヤー [GUESTS] を作成します。[テキスト] パネルで [フォント：Montserrat]、[フォントスタイル：Bold]、[フォントサイズ：190px]、[塗り：#FFFFFF]、[ストローク：なし] ❹に設定します。合わせて [整列] パネルの🀫 [水平方向に整列] と🀫 [垂直方向に整列] ❺で画面中央に配置します。

レイヤー [GUESTS] を選択した状態で🄸キーを押し、[01:04f] にレイヤーの先頭を移動❻します。レイヤー [GUESTS] のメニューをクリックして展開し、[テキスト] →🔘 [アニメーター] → [回転] ❼をクリックして適用します。

続けて、[アニメーター1]→[回転: -90.0°] ❽ として、テキストの方向を縦に揃えます。

② 字送りでテキストを広げる

手順1と同様に、今度は ▶[アニメーター]→[字送り] ❶ をクリックして適用します。[トラッキングの量] ❷ だけを選択して、⏱[ストップウォッチ] ❸ をクリックしてキーフレームを打ち、[トラッキングの量: -130] ❷ に設定します。

⌘（Ctrl）+ Shift + → キーを押して10フレーム分移動 ❹ し、[トラッキングの量: 30] ❺ としてテキストを広げた状態のキーフレームを打ちます。

[トラッキングの量] のキーフレーム2つ❻を選択し、右クリックのメニューから [キーフレーム補助] → [イージーイーズ] を適用します。

▣ グラフエディター❼をクリックして開き、終了側のポイント❽をクリックして速度グラフのハンドルを表示します。ハンドルを前方へ最大までドラッグ❾することでアニメーションの変化が開始側で大きくなるように設定します。テキストが中央から一気に広がるアニメーションができました。

▲ 編集が終わったらグラフエディターとレイヤーの詳細は閉じておきます。

3 テキストを横に広げる

テキストレイヤー [GUESTS] ❶を選択した状態で ⌘ (Ctrl) + D キーを押してレイヤーの複製をします。

複製したテキストレイヤー[GUESTS 2] ❷を選択し、Uキーを押してキーフレームの表示を行います。[トラッキングの量]→🕐[ストップウォッチ] ❸をクリックしてキーフレームを削除します。時間差になるようにIキーを押し、レイヤーの先頭を[01:14f]に移動❹します。

▲ レイヤーをコピーするとコピー元の編集状態も引き継がれたまま複製されます。

Pキーを押し[位置]の表示に切り替えます。[位置]→🕐[ストップウォッチ] ❺をクリックしてキーフレームを打ち、[位置: 960.0, 538.5] ❻とします。

続けて⌘(Ctrl)+Shift+→キーを押して10フレーム分移動し❼、今度は[位置: 1160.0, 538.5] ❽としてテキストが分裂し横に並ぶアニメーションを作ります。

［テキスト］パネルに移り、［塗り：なし］、［ストローク：#FFFFFF］**9**としておきます。

手順2と同様に、［位置］のキーフレーム2つ**10**を選択して、右クリックのメニューから［キーフレーム補助］→［イージーイーズ］を適用します。続けて■［グラフエディター］**11**をクリックして開き、速度グラフを編集して、アニメーションの開始が速くなるようにハンドルを前方へ最大までドラッグ**12**して調整します。

▲ イージーイーズは F9 でも実行できます。グラフエディターを閉じるのを忘れずに。

④ テキストを複製する

ここまで作成してきた分裂するテキストを複製して配置していきます。[現在の時間インジケーター] を [01:14f] に移動①させ、テキストレイヤー [GUESTS_2] ②を選択し ⌘ (Ctrl) + D キーを押してレイヤーを複製してレイヤー [GUEST_3] を作ります。

手順3では [位置 x:960 → 1160] と200px移動したので、P キーを押して [位置] を表示させたら、今度は [02:00f] で [位置：760.0, 538.5] ③と逆方向に移動するように位置の縦軸の値を変更します。これにより左右両方向へテキストが分裂するアニメーションになります。

中央から移動する2つのレイヤーを選択し ⌘ (Ctrl) + D キーを押してまとめて複製④し、そのまま ⌘ (Ctrl) +] キーを押してレイヤーを一番上に配置⑤します。

アニメーションの開始をずらすためにレイヤーの先頭を1フレーム分ドラッグして移動❻します。ここまでと同様の方法でそれぞれの［位置］の後ろ側のキーフレームの縦軸(X軸)をさらに左右に200ずつ移動❼させ、複製したテキストが画面いっぱいに広がる❽ように繰り返していきます。

▲左右に4つずつ複製すると画面を埋めることができます。

作ったテキストレイヤー❾を全て選択します。⌘（Ctrl）＋Shift＋Cキーを押してプリコンポーズダイアログを開き、［新規コンポジション：TEXT TILE］❿、［選択したレイヤーの長さに合わせてコンポジションのデュレーションを調整する］⓫にチェックを入れて、［OK］⓬をクリックしてまとめておきましょう。

▲レイヤーが多くなった時はコンポジションでまとめることで整理しましょう。

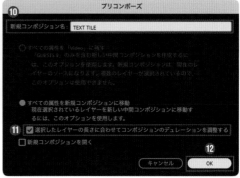

⑤ テキストが消える動きを作る

コンポジットレイヤー［TEXT TILE］❶を選択します。［現在の時間インジケーター］を［01:04f］に
移動❷し、⑤キーを押して［スケール］→◯［ストップウォッチ］❸をクリックしてキーフレームを
打ちます。

今度は［現在の時間インジケーター］を［02:00f］に移動❹し、［スケール：90.0, 90.0%］❺に設定
して徐々にサイズが小さくなるようにします。

さらに同様の方法で［02:12f］で［スケール：0.0, 0.0%］❻に設定します。このキーフレームだけを
選択し右クリックのメニューから［キーフレーム補助］→［イージーイーズ］を設定して［02:00f］か
ら［02:12f］間の動きを滑らかにします。

[グラフエディター] ❼をクリックして、速度グラフを表示し［02:12f］で速度が最大になるようにハンドルをドラッグ❽❾❿します。

▲ 実際の動きを見ながら、キーフレームの間隔や速度の調整を自分の感覚で設定していきます。

🔶 モーションタイルでテキストを広げる

コンポジションレイヤー［TEXT TILE］❶を選択し、［エフェクト＆プリセット］パネルで［モーションタイル］❷を検索し、ダブルクリックで適用します。［エフェクトコントロール］パネル→［出力幅：400.0］、［出力高さ：400.0］❸としてテキストをタイル状に複製します。

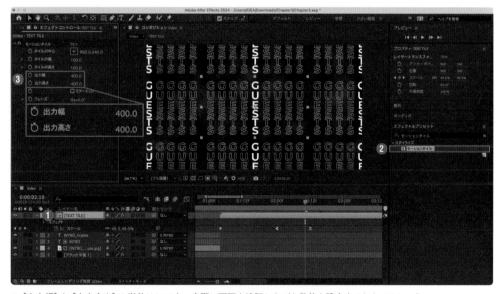

▲ ［出力幅］と［出力高さ］の単位は％です。実際に画面を確認しながら数値を設定するとよいでしょう。

さらに[モーションブラー]❹をオンにして動きにブレを加えます。[現在の時間インジケーター]
を[02:12f]に移動❺し、Option(Alt)+[]を押してレイヤーの末端をカット❻します。

7 色収差でグリッチを作る

コンポジションレイヤー[TEXT TILE]❶を選択し、[エフェクト＆プリセット]パネルで[塗り]❷
を検索し、ダブルクリックで適用します。デフォルトでは色が赤く塗りつぶされるのでレイヤー名を
[TEXT TILE RED]❶としておきます。

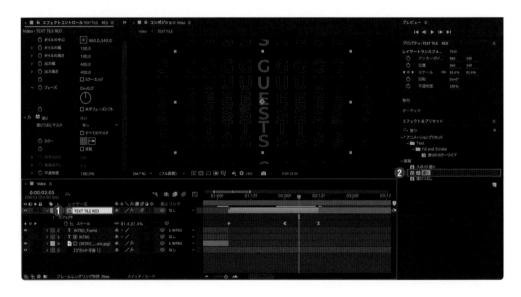

レイヤー[TEXT TILE RED]❸を⌘(Ctrl)+Dキーを押して複製し、レイヤー名を[TEXT TILE
BLUE]❹としておきます。さらにレイヤー[TEXT TILE BLUE]をドラッグして1フレーム後ろに
移動❺ます。[エフェクトコントロール]パネル→[塗り]→[カラー]から、カラーダイアログを
開き、[R:0 G:0 B:255]に設定して色を青にします。

▲ [エフェクトコントロール]パネル→[塗り]→[カラー]の場所は次ページ参照。

同様にもう一度レイヤーを複製し、今度はレイヤー名を［TEXT TILE GREEN］❻としておきます。これまでと同様に１フレームずらしておき、［エフェクトコントロール］パネル→［塗り］→［カラー］❼をクリックして、ダイアログで［R:0 G:255 B:0］に設定して色を緑にします。

３色に分けたレイヤー❽を全て選択し、［描画モード：スクリーン］❾に変更することで、３色が重なる部分が白く表示されるようになります。最後に［現在の時間インジケーター］を［02:12f］に移動❿し、［Option］（［Alt］）＋［１］キーを押して３つのレイヤーの後ろ端をカット⓫します。

▲３つのレイヤーのずらし方を変えるだけでも、グリッチの表現が変わるので試してみて下さい。

Lesson 4

トラックマットで投影する

画像やテキストなどのレイヤーを指定して、トラックマットを使って動画を投影します。人物紹介やトランジションによく使われている方法です。

1 マット用の素材を挿入する

［プロジェクト］パネルから、画像［Tiles_1.png］❶をタイムラインにドラッグ＆ドロップ❷で配置します。Lesson3で作成したテキストアニメーションの後から始まるように、レイヤー［Tiles_1.png］をドラッグ❸して［02:12f］に先頭を配置します。

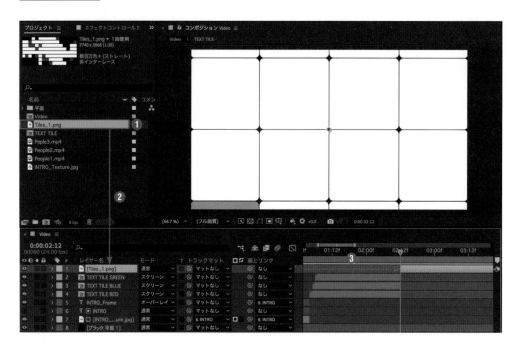

2 素材に動きをつける

［現在の時間インジケーター］を［02:12f］に移動❶し、レイヤー［Tiles_1.png］❷を選択して⑤を押して、［スケール］→⃝［ストップウォッチ］❸をクリックしてキーフレームを打ちます。

[現在の時間インジケーター] を [03:00f] に移動❹し、レイヤー [Tiles_1.png] の全体が画面内に収まるように [スケール: 23.0, 23.0%] ❺として2つ目のキーフレームを打ちます。

▲ここまではトランジションとして機能させたいので変化を大きくしています。

[現在の時間インジケーター] を [04:12f] に移動❻し、[スケール: 20.0, 20.0%] ❼として3つ目のキーフレームを打ちます。Option (Alt) +] キーを押して、レイヤー [Tiles_1.png] をカット❽します。

1つ目の [スケール] キーフレーム❾を選択し、F9 キーを押してイージーイーズを適用します。⬛ [グラフエディター] ❿をクリックして速度グラフ⓫を開き、[スケール] のアニメーションが開始時に最も速度が速くなるようにポイントとハンドルをドラッグ⓬⓭⓮します。

▲イージーイーズ＋速度グラフの編集は多用しますので、しっかり覚えておきましょう

③ 映像をタイルに投影する

レイヤー[Tiles_1.png]のタイル部分に投影させる映像[People_1.mp4] ❶ をタイムラインにドラッグ&ドロップ ❷ で配置します。[現在の時間インジケーター]を動かして確認しながら、Option (Alt) + []または[]キーを押して、レイヤー[Tiles_1.png]の長さと合うようにレイヤー[People_1. mp4]の使わない部分をカット ❸ しておきます。

レイヤー[People_1.mp4]の[トラックマット]→ [マットピックウィップの追跡] ❹ を、レイヤー[Tiles_1.png]にドラッグ&ドロップ ❺ することでタイルに合わせて映像が表示されます。

▲ [トラックマット]が非表示の場合は、タイムラインパネル下方の[スイッチ/モード]ボタンをクリックします。

☑ [マットを反転] ❻をクリックして ON にし、マット画像となっている [Tiles_1.png] が黒く見えるようになるので、Ｓキーを押してレイヤー [People_1.mp4] → [スケール] ❼を表示し、[コンポジション] パネルの画面上を見ながらタイルの横幅に合うように [スケール] を調整します。

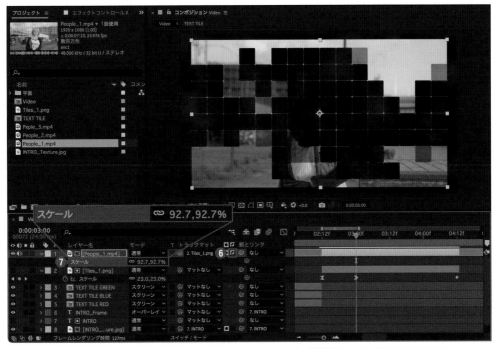

▲ 画面を見ながら [スケール] の数字の上にカーソルを合わせてドラッグ、微調整するときは数値を直接入力します。

☑ [マットを反転] ❽をクリックして OFF にし、[親とリンク] → ◎ [親ピックウィップ] ❾をレイヤー [Tiles_1.png] にドラッグ＆ドロップ❿することで、[トランスフォーム] に含まれる内容が親レイヤーと同じ動きをするようになります。

④ テキストをアニメーションで表示させる

Ｔ［横書き文字ツール］❶でテキストレイヤー［SEIO］を作成します。ここでは［フォント：
Montserrat Black］、［フォントサイズ：190px］、［塗り：#FFFFFF］❷としました。開始トランジ
ションが終わった後にテキストが出現するように、Option（Alt）＋［または］キーを押して、テキ
ストレイヤー［SEIO］を［03:00f］から［04:12f］の範囲にカット❸しておきます。

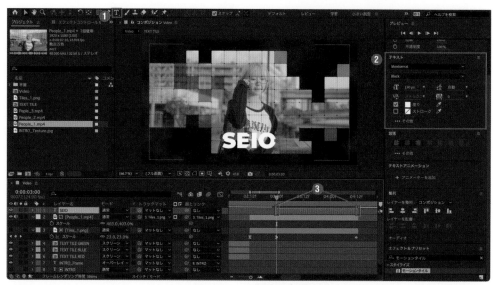

▲作例と同じフォントがない場合は、別のものを使用しても問題ありません。

レイヤー［SEIO］を選択し、［エフェクト＆プリ
セット］パネルで［文字ごとにスライドアップ］
を検索してダブルクリックで適用します。

Ｕキーを押して、［Range Selecter 1］→［オフセット］キーフレーム❹❺を表示します。2つ目の
［オフセット：100%］キーフレーム❺はテキスト登場のアニメーションを完了させたい［03:12f］へ
ドラッグして移動❻します。2つのキーフレーム❹❺を選択し、F9キーを押してイージーイーズ
を適用します。

最後に3つのレイヤー**7**を選択し、クリップの後ろ端をドラッグし**8**、[04:23f] 程度まで延ばします。そのまま ⌘ (Ctrl) + Shift + C キーを押して、プリコンポーズしてまとめます。

[新規コンポジション名：Guest_1] **9**、[選択したレイヤーの長さに合わせてコンポジションのデュレーションを調整する] **10** を選択し、[OK] **11** をクリックします。

■One Point▶ **タイル登場時のバリエーション**

コンポジット [Guest_2] での人物の登場では、同様にタイル素材のレイヤーをトラックマットに設定して、Lesson7 で解説するエフェクト [CC Line Sweep] を適用して、タイル素材を左から順に登場させています。また、テキストの登場はアニメーターのメニューから [ブラー] を追加し、開始から 10 フレームで [オフセット：0% → 100%] になるようにキーフレームを打って作成しました。

109

調整レイヤー ワープ マーカー

ワープを使ったトランジション

画面の切り替わりのトランジションには様々な種類があります。ここではワープのエフェクトを使って画面を歪めながら切り替えていきます。

— ‖‖ —

1 マーカー付きの調整レイヤーを作成する

メニューバーの［レイヤー］メニューから［新規］→［調整レイヤー］❶をクリックして、［調整レイヤー1］❷を作成します。

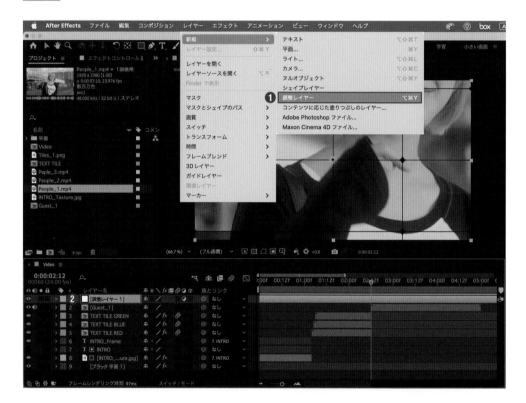

調整レイヤー

エフェクトを適用することで下層に存在する全てのレイヤーに対してそのエフェクトを適用することができる特殊なレイヤーです。その特性を使って、トランジション部分やカラーグレーディングに利用されます。ただし、各レイヤーに直接エフェクトを適用した場合とは効果が異なる場合もあるため注意が必要です。

Option（Alt）＋［または］キーを押して、［調整レイヤー1］を20フレーム分の長さでカット❸します。半分の10フレーム目に現在の時間インジケーターを移動❹し、右クリックのメニューから［マーカー］→［マーカーを追加］❺をクリックします。

マーカー❻がトランジションを作りたいクリップの境目に合うように、［調整レイヤー1］をドラッグ❼して配置します。

▲調整レイヤーを複製して配置するだけで、トランジションを使い回すことができます。

2 ワープを適用する

［調整レイヤー1］❶を選択し、［エフェクト＆プリセット］パネルで［ワープ］❷を検索しダブルクリックで適用します。［エフェクトコントロール］パネル→［ワープ］→［ワープスタイル: 魚眼レンズ］❸、［ベンド: 25］→🕒［ストップウォッチ］❹をクリックしてキーフレームを打ちます。

ここからは歪みの様子を細かく設定していきます。[タイムライン] パネルに戻り、[調整レイヤー1]
❺を選択して⑤キーを押して全てのキーフレームを表示します。[現在の時間インジケーター] を
マーカーから1フレーム分前に移動❻し、[ベンド: -25] ❼としてキーフレームを打つと、中央が収
縮するような動きができます。

[調整レイヤー1] の開始と終了のフレームで、どちらも [ベンド: 0] ❽にすることでキーフレーム
❾を打ち、画面が収縮して膨張した状態から元に戻るトランジションの完成です。

マーカー

特定のフレームや範囲を指し示すために使用します。何も選択していない状態で作成するとコンポジショ
ンに作成され、レイヤーを選択した状態ではそのレイヤーのみに作成されます。マーカーをダブルクリッ
クするとマーカーのダイアログが開き、範囲やコメント、ラベルの色を設定することができます。

Lesson 6

🖉 プリセット　🖉 壊れたテレビ

プリセットでノイズを加える

映像内にグリッチやノイズを加える方法は色々とありますが、3種類の壊れたテレビのプリセットを使うと簡単に追加することができます。

① 調整レイヤーを追加する

メニューバーから［レイヤー］→［新規］→［調整レイヤー］をクリックし、［調整レイヤー 2］❶を作成します。［現在の時間インジケーター］をグリッチエフェクトを開始したいフレームに移動❷し、［ ］キーを押して調整レイヤーの先頭を移動❸して合わせます。

続けて、[現在の時間インジケーター] を 5 フレーム程度移動❹したら、Option(Alt)＋[ ]キーを押して [調整レイヤー 2] をカット❺します。今回は [03:12f] から [04:00f] の間の中に 5 フレーム分の長さで作成しました。

❷ 壊れたテレビを追加する

[調整レイヤー 2] を選択し、[エフェクト＆プリセット] パネルから [壊れたテレビ 2 - 寿命]
❶を検索してダブルクリックで適用します。これだけでも画面にデジタルグリッチを表現できます。また、[壊れたテレビ] エフェクトは 3 種類あるのでその中から好きなものを選ぶと良いでしょう。

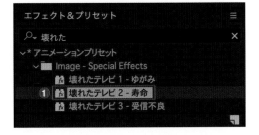

今回はさらにグリッチを編集していきます。[エフェクトコントロール] パネル→ [Wave Warp] →
[波形の幅: 300] ❷、[Color Balance (HLS)] → [彩度: 13.0] ❸、に設定してグリッチ全体の強さ
を下げて完成です。

プリセット

いくつかのエフェクトやキーフレームアニメーションが組み合わされた構造になっています。自分でプリセットを作成して登録したり、他の人が作ったプリセットファイルを読み込ませて使うこともできます。

114

🔗 CC RepeTile　🔗 CC Line Sweep　🔗 色かぶり補正

テキストをタイル状に複製する

テキストをタイルのように広げる方法の1つとして、ピクセル単位で複製するCC Repe Tileがあります。タイリングの種類も選ぶことができます。

---

① テキストをプリコンポーズする

まずはタイル状に複製したいテキストを作成します。🅣 [横書き文字ツール] ❶ を選択し、テキストレイヤー [WELCOME] ❷ を作成します。ここでは [フォント : Montserrat SemiBold]、[サイズ : 190px]、[塗り : 無し]、[ストローク : #FFFFFF] ❸ としました。[整列] パネル→🔳 [水平方向に整列] と🔳 [垂直方向に整列] を使って画面中央に整列させます。

テキストレイヤー [WELCOME] ❹ を選択し、先頭が [04:19f] から始まるようにドラッグして移動 ❺ します。右クリックのメニューから [プリコンポーズ] ❻ をクリックします。コンポジットの名前は [WELCOME] としました。

コンポジションレイヤー [WELCOME] をダブルクリックして開きます。メニューバーの [コンポジション] のメニューから、[コンポジション設定] ❼ をクリックします。

[コンポジション設定] ダイアログが開くので、[幅: 1200px]、[高さ: 170px] ⑧、[デュレーション: 0:00:05:00] ⑨ として [OK] ⑩ をクリックします。

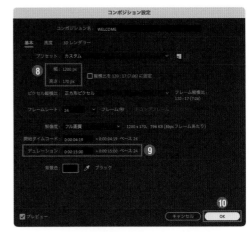

▲ ここでは一旦仮の数値を設定しておき、編集後の様子を見ながら再度変更していきます

❷ テキストインのアニメーションを作る

[タイムライン] パネル→レイヤー [WELCOME] → [テキスト] → ▶ [アニメーター] ❶ をクリックし、メニューから [位置] ❷ をクリックして追加します。[現在の時間インジケーター] をコンポジションの先頭に移動 ❸ し、[アニメーター1] → [位置: -1200.0, 0.0] ❹ とマイナス方向に移動して画面の外にテキストを配置します。

▲ コンポジションの横幅である1200px分左に動かしたので、画面からテキストが消えます。

[範囲セレクター1] を展開し、[オフセット] → ⏱ [ストップウォッチ] ❺ をクリックして、キーフレームを打ちます。続けて ⌘ (Ctrl) + Shift + → キーを押して10フレーム移動 ❻ し、[オフセット: -100%] ❼ に設定します。画面左から1文字ずつ文字がフレームインするようになります。

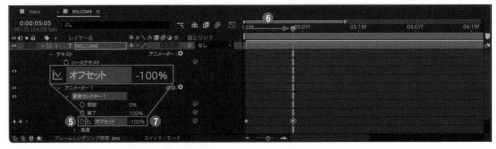

▲ [オフセット: -100] にすることで、後ろの文字から元の位置に戻る動きになります。

さらにテキストが右方向へ流れていく動きを作ります。Pキーを押して、[位置]の表示に切り替え、[位置]→⏱[ストップウォッチ]❽をクリックしてキーフレームを打ちます。画面を見ながら[位置]のx軸を動かし、テキストが画面左端に位置する値に設定❾します。

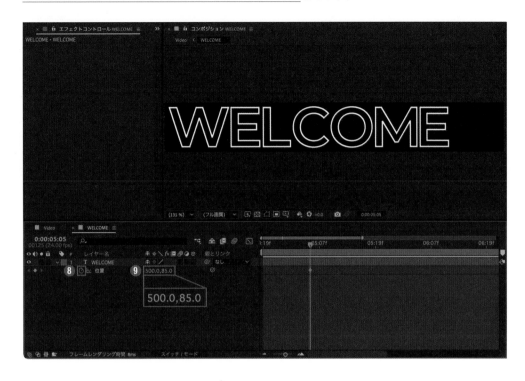

作ったキーフレームはコンポジションの先頭に移動❿しておきます。

▲最初から先頭のフレームで作業しようとするとテキストが見えないので注意しましょう。

今度は同様にテキストが画面右端に位置するように［位置］のx軸を設定⓫します。作ったキーフレームはコンポジションの終わりにドラッグ⓬して移動します。

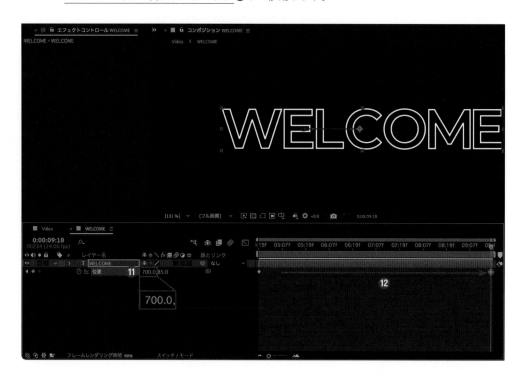

❸ CC RepeTile でテキストを複製する

コンポジット［Video］❶のタブをクリックして全体のレイヤー表示に切り替えます。コンポジットレイヤー［WELCOME］❷を選択し、［エフェクト＆プリセット］パネルから［CC RepeTile］❸を検索してダブルクリックで適用します。

[エフェクトコントロール] パネル→ [CC RepeTile] → [Expand Right: 1000]、[Expand Left: 1000]、[Expand Down: 750]、[Expand Up: 750] ❹に設定します。[Tiling: Brick] ❺と設定するとレンガのように交互に積み重ねることができます。

▲各 [Expand] の数値分のピクセルが複製されます。

❹ 階段状にテキストを消す

コンポジットレイヤー [WELCOME] ❶を選択し、[エフェクト＆プリセット] パネルから [CC Line Sweep] ❷を検索して、ダブルクリックで適用します。さらに [現在の時間インジケーター] を [06:06f] に移動❸し、 Option （ Alt ）＋ [キーを押して、テキストが消えるようにカット❹しておきます。

[現在の時間インジケーター] を [05:21f] に移動し、[エフェクトコントロール] パネル→ [CC Line Sweep] → [Direction: 0x+90.0°] ❺と設定します。[Completion] → [ストップウォッチ] ❻をクリックしてキーフレームを打ちます。

[現在の時間インジケーター] を [06:07f] に移動し、[エフェクトコントロール] パネル→ [CC Line Sweep] → [Completion: 100.0] ❼ としてキーフレームを打ちます。さらに [Thickness: 500] ❽、[Flip Direction: オン] ❾ としました。左から縦方向にテキストが消えるトランジションができます。

▲ [Direction] と [Flip Direction] でエフェクトの方向、[Thickness] で段の形を変更できます。

❺ グリッチを作成する

コンポジットレイヤー [WELCOME] ❶を選択し、[エフェクト＆プリセット] パネルで [色かぶり補正] ❷を検索して、ダブルクリックで適用します。[エフェクトコントロール] パネル→ [ホワイトをマップ] のカラーボックス❸をクリックして [R: 255, G: 0, B: 0] に変更します。

[タイムライン] パネルに戻り、レイヤー [WELCOME] を選択して ⌘（Ctrl）+ D キーを押して2つ複製④し、同様の方法で今度はそれぞれ [ホワイトをマップ] を [R: 0, G: 255, B: 0] と [R: 0, G: 0, B: 255] とします。さらに色違いの3つのレイヤー④を選択し [描画モード: スクリーン] ⑤に設定します。

▲ 3つのレイヤーの名前には目印としてそれぞれの色名を追加しておきました。

複製した2つのレイヤーは P キーを押して [位置] を表示し、画面を確認しながらそれぞれ [位置: 962.0, 538.0] ⑥、[位置 958.0, 542.0] ⑦ と数px程度変更し、色の重なりをずらすことでエッジに3色のグリッチを作ったら完成です。

▲ 作例では最終的にレイヤー [WELCOME] → [スケール: 67.0, 67.0%]、コンポジション [WELCOM] → [コンポジション設定] → [幅: 1100px]、[高さ: 180px] に変更して調整しました。

🖉 塗りのカラー　🖉 字送り

点滅と複製のトランジション

アニメーターを使うと色に対してもキーフレームを打って変化させることができます。さらに今回はキーフレームを停止させて色を点滅させる動きを作ります。

━━━━━━━━━━ ||| ━━━━━━━━━━

❶ 塗りのカラーを追加する

🅃 [横書き文字ツール] ❶でテキストレイヤー [INTERVIEW] ❷を作成し、先頭を [07:22f] に移動❸します。テキストは [フォント: Montserrat Bold]、[塗り: #FFFFFF]、[ストローク: なし] ❹としました。[整列] パネル→🔲 [水平方向に整列] と🔲 [垂直方向に整列] をクリックして画面中央に配置します。

レイヤー [INTERVIEW] を展開し、[テキスト] → ▶ [アニメーター] ❺をクリックして、メニューから [塗りのカラー] → [RGB] ❻をクリックすると、[塗りのカラー] のアニメーターを追加できます。

▲ [塗りのカラー] のアニメーターでは色の変化のアニメーションを設定できます。

❷ 塗りの点滅を作る

レイヤー[INTERVIEW] の先頭フレームに［アニメーター1］→［塗りのカラー］→ ⏱ ［ストップウォッチ］❶をクリックしてキーフレームを打ちます。カラーボックス❷をクリックして少し暗い赤色を選択します。

▲ 作例では［R: 217, G: 31, B: 31］に設定しました。

［現在の時間インジケーター］を［08:18f］に移動❸し、レイヤー［INTERVIEW］を選択して、Option (Alt) ＋ ① キーを押してカット❹します。そのまま［塗りのカラー］→ ◆ ［現時点でキーフレームを加える］❺をクリックしてキーフレームを打ちます。

［現在の時間インジケーター］を 2 つのキーフレームの間に移動❻し、［塗りのカラー：#FFFFFF］❼に設定してキーフレームを打ちます。

▲ 塗りのカラーを展開するとフレームごとの色の変化を見ることができます。

色が交互に切り替わるように、[塗りのカラー] の色付きと白のキーフレームを、交互にコピー&ペーストして配置 ⓭ します。

この状態では色が変化する中間のフレームではグラデーションとなるため、[塗りのカラー] のキーフレームを全て選択 ❾ し、右クリックのメニューから [停止したキーフレームの切り替え] ❿ をクリックして適用します。次のキーフレームに到達するまでは前のキーフレームの設定がそのまま適用されるようになりました。

▲ 色の変化のタイミングはキーフレームを動かして自由に決めましょう。

❸ テキストを広げる動きをつける

続いて、[テキスト] → ▶[アニメーター] ❶ をクリックして、メニューから [字送り] ❷ をクリックして追加します。レイヤーの先頭フレームで [アニメーター 1] → [トラッキングの量：-25] ❸ と設定し、⏱[ストップウォッチ] ❹ をクリックしてキーフレームを打ちます。

⌘（Ctrl）+ Shift + → キーを押して10フレーム移動し⑤、[トラッキングの量：13]⑥に設定してキーフレームを打ちます。[トラッキング]キーフレーム2つ⑦を選択し、F9 キーを押してイージーイーズを適用します。

▨ [グラフエディタ]⑧をクリックして、速度グラフを表示します。後ろ側のキーフレームのハンドルを左側へ最大までドラッグ⑨し、序盤で大きく変化するようにします。

④ テキストを登場させる

S キーを押して、[スケール]→⏱[ストップウォッチ]❶をクリックし、キーフレームを追加します。キーフレームをドラッグして[08:02f]に移動❷し、登場のアニメーションの終わりのキーフレームとします。

続けて先頭のフレームで[スケール:177.0, 177.0%]❸と設定してキーフレームを打ち、2つの[ス
ケール]キーフレーム❹を選択した状態で「F9」キーを押してイージーイーズを適用します。

手順3と同様に、[グラフエディタ]❺をクリックして、速度グラフを表示します。後ろ側のキー
フレームのハンドルを左側へ最大までドラッグ❻し、序盤で大きく変化するようにします。

One Point 値グラフを使ってみよう

本書籍では数値変化の大きさが分かりやすく手軽に編集できる速度グラフを使って解説を行っています
が、値グラフではより細かくて正確なコントロールをすることができます。実際の値の変化を確認する
ことができることに加え、自由にハンドルを操作してベジェを使ったグラフのコントロールができま
す。また、複数のキーフレームが存在している場合の調整にも向いています。

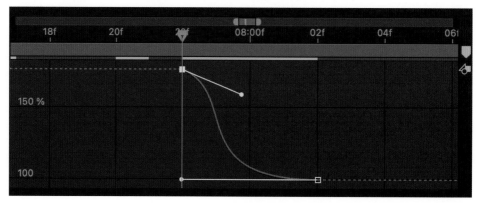

⑤ テキストを縦に広げる

⌘（Ctrl）＋Dキーを押して、レイヤー [INTERVIEW] を複製①します。[現在の時間インジケーター] を [08:10f] に移動②し、Option＋[キーを押してレイヤー [INTERVIEW2] をカット③します。複製したレイヤー [INTERVIEW 2] ①を選択し、Pキーを押して [位置: 960.0, 740.0] ④とします。

▲ [位置] の縦軸だけを変更します。変更する数値は画面を見ながら感覚で調整してもOKです。

レイヤー [INTERVIEW 2] を同様に複製し、今度は [位置: 960.0, 740.0] ⑤と [位置: 960.0, 340.0] ⑥とします。上下にテキストが複製できました。複製した2つのレイヤーを選択し、[テキスト] パネル → [塗り: なし]、[ストローク: #FFFFFF] ⑦としておきます。

［現在の時間インジケーター］を［08:12f］に移動❽し、⌘（Ctrl）+ Dキーを押して複製した2つのクリップを再び複製❾します。そのまま⌘（Ctrl）+ ］キーを押して2つのレイヤーをタイムラインの上に移動させておき、続けて Option（Alt）+ ［キーを押して先頭をカット❿します。

2つのレイヤーを選択したまま P キーを押して［位置］を表示し、レイヤー［INTERVIEW 4］→［位置: 960.0, 940.0］⓫、レイヤー［INTERVIEW 5］→［位置: 960.0, 140.0］⓬と設定します。文字の点滅と合わさって自然に文字が上下に複製されて広がるトランジションができました。

▲レイヤーの複製と等間隔で［位置］を変更するテクニックは様々なトランジションで利用できます。

Lesson

9

〔（ディストーション）回転

旋回するトランジション

タイルエフェクトとテキストは組み合わせ次第で様々な表現を作ることができます。ここではディストーションの回転を使って画面を回転させながら登場させます。

――― ||| ―――

① テキストをランダムで登場させる

[タイムライン] パネルでコンポジット [Guest_3] ❶ を開きます。コンポジット [Guest_3] は前準備として Lesson4 と同様の操作が行われています。

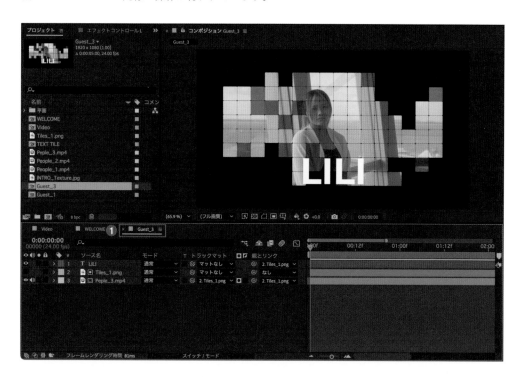

レイヤー [LILI] ❷ を選択して展開し、[テキスト] → ▶ [アニメーター] ❸ をクリックして、メニューから [ブラー] ❹ をクリックします。[アニメーター 1] → [ブラー：50.0, 50.0] ❺ に設定します。

Chapter

3

モーショングラフィックを作る

129

［現在の時間インジケーター］を［00:10f］に移動❻し、［範囲セレクター1］を展開し、［終了：100%］→ ⏱[ストップウォッチ]❼をクリックしてキーフレームを打ちます。

さらに［現在の時間インジケーター］を［01:00f］に移動❽し、［範囲セレクター1］→［終了：0%］❾としてテキストがブラーから登場するトランジションを作ります。

▲ 今の状態ではテキストの後ろ側からブラーのトランジションで登場します。

［範囲セレクター1］→［高度］を展開し、［順序をランダム化：オン］❿に設定することでテキストがブラーから登場する順序がランダムになります。［現在の時間インジケーター］を［00:10f］に移動⓫し、Option（Alt）＋［キーを押して、［ブラー］のキーフレームに合わせてレイヤー［LILI］をカット⓬しておきます。

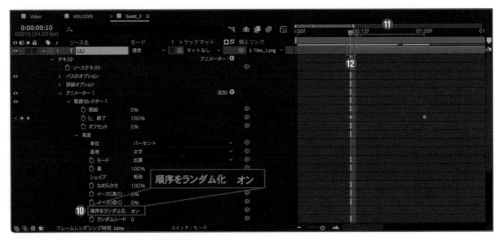

▲ ［ランダムシード］の値を変えると登場順が変わります。

② 画面をねじる動きを作る

メニューバーの［レイヤー］のメニューから［新規］→［調整レイヤー］①をクリックします。

［タイムライン］パネルに移り、［調整レイヤー
3］を選択して［エフェクト＆プリセット］パネ
ルから［ディストーション］→［回転］②を検索
してダブルクリックで適用します。

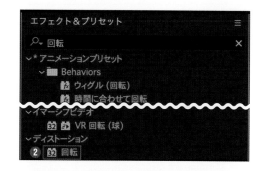

［現在の時間インジケーター］をコンポジットの
先頭に移動し、［エフェクトコントロール］パネ
ル→［角度］→ ⑤［ストップウォッチ］③をクリッ
クしてキーフレームを打ち、［角度: 0x+100.0°］
④として画面をねじります。

［現在の時間インジケーター］を［00:14f］に移動⑤し、［角度: 0x+0.0°］⑥としてキーフレームを打
ち画面のねじれを戻します。

③ 動画に動きをつける

レイヤー [Tiles_1] ❶を選択し、Rキーを押して [回転] を開きます。[回転]→⊙[ストップウォッチ] ❷をクリックしてキーフレームを打ちます。

[現在の時間インジケーター] をコンポジットの先頭に移動❸し、[回転: 0x+70.0°] ❹として画面のねじれる動きに合わせてさらに画面も回転して登場するトランジションになります。

今度は Shift + S キーを押して [スケール] を追加で開きます。同様の手順で [00:00f] のときに [スケール: 0.0, 0.0%] のキーフレーム❺、[00:14f] のときに [スケール:20.0, 20.0%] のキーフレーム❻を打ちます。これで拡大のトランジションも加わりました。

最後に［現在の時間インジケーター］を［02:08f］に移動❼し、［スケール：22.0, 22.0%］❽として画面全体が徐々に拡大するアニメーションを作ります。

❹ 速度グラフを調整

［調整レイヤー3］→［回転］→［角度］のキーフレーム2つ❶と、レイヤー［Tiles_1.png］→［回転］のキーフレーム2つ❷を全て選択します。そのまま F9 キーを押してイージーイーズを適用します。

■［グラフエディタ］❸をクリックして速度グラフを表示します。後ろ側2つのキーフレーム❹を同時に選択し、キーフレームのハンドルを左へ最大までドラッグ❺して、アニメーションの冒頭で変化が大きくなるようにして完成です。

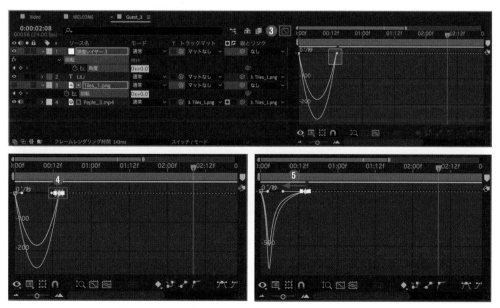

▲ もちろんハンドルは1本ずつ引っ張っても問題ありません。

Lesson 10

✎ 文字のオフセット ✎ モーションブラー

ランダムに文字を登場させる

文字のオフセットを使ってテキストの文字をランダムに表示し、さらにマスクと合わせて使うことでCC RepeTileによるトランジションの表現の幅を広げることができます。

① テキストのコンポジションを作成する

▣[横書き文字ツール] ❶でレイヤー[ENJOY] ❷を作成します。テキストは[フォント: Montserrat Bold]、[フォントサイズ: 250px]、[塗り: #FFFFFF] ❸としました。[整列]パネルの🔲[水平方向に整列] ❹と🔲[垂直方向に整列] ❺で画面中央に配置します。

[現在の時間インジケーター]を[11:04f]に移動❻し、レイヤー[ENJOY]を選択して[Option]([Alt]) ＋[[]キーを押して先頭をカット❼し、続けて[現在の時間インジケーター]を[13:03f]に移動❽し、[Option]([Alt]) ＋[]]キーを押して2秒分の長さでカット❾します。

レイヤー［ENJOY］を選択し、⌘（Ctrl）＋
Shift ＋Cキーを押してプリコンポーズします。
［新規コンポジション名：Tile］❿としました。

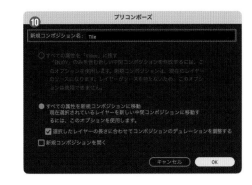

❷ テキストをランダムに表示する

コンポジション［Tile］をダブルクリックして開きます。レイヤー［ENJOY］→［テキスト］→▶[アニ
メーター］❶をクリックし、メニューから［文字のオフセット］❷をクリックして適用します。[現
在の時間インジケーター］を［11:04f］に移動❸し、［アニメーター1］→［範囲セレクター1］→[文
字のオフセット］→⏱[ストップウォッチ]❹をクリックしてキーフレームを打ちます。[文字のオフ
セット：50]❺としておきます。

［現在の時間インジケーター］を［12:00f］に移動❻し、［アニメーター1］→［文字のオフセット：0]
❼にしてキーフレームを打ちます。［文字のオフセット］のキーフレーム2つ❽を選択し F9 キーを
押してイージーイーズを適用します。

③ テキストが遠ざかる動きを作る

コンポジション [Video] を開き、レイヤー [Tile] ❶を選択します。[現在の時間インジケーター] を [11:04f] に移動❷し、⑤キーを押して [スケール] を表示します。[スケール] → ⑩ [ストップウォッチ] ❸でキーフレームを打ちます。ここでは [スケール:110.0, 110.0%] ❹とします。

[現在の時間インジケーター] を [13:04f] に移動❺し、[スケール: 0.0, 0.0] ❻としてキーフレームを打ちます。[スケール] キーフレーム2つ❼を選択し、[F9] キーを押してイージーイーズを適用します。

⬛ [グラフエディタ] ❽をクリックして、速度グラフを開き前側のキーフレームのハンドルを右側に最大までドラッグ❾します。

後ろ側の［スケール］のキーフレームを［13:00f］にドラッグ🔟します。［現在の時間インジケーター］を［12:23f］に移動⓫し、レイヤー［Tile］を選択して Option （ Alt ）＋] キーを押して後端をカット⓬します。

▲ はじめは長めにレイヤーを作っておき、編集の最後にちょうど良い長さに合わせます。

❹ マスクとCC RepeTileを活用する

［現在の時間インジケーター］を［11:04f］に移動❶します。▣［長方形ツール］❷を選択し、［コンポジション］パネルの中央あたりに横に細長いマスク❸を作成します。

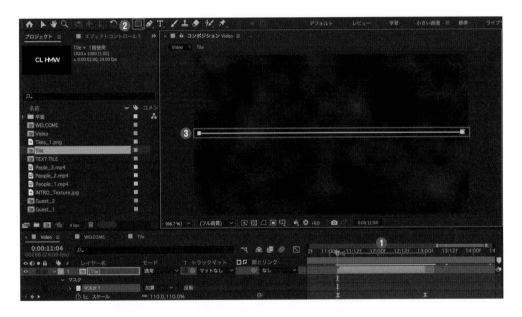

［タイムライン］パネルに移り、レイヤー［Tile］→［マスク1］を展開して、［マスクパス］→◉［ストップウォッチ］❹をクリックしてキーフレームを追加します。

続いて［現在の時間インジケーター］を［12:00f］に移動❺します。▶［選択ツール］❻を選択し、
［コンポジション］パネル上でマスクをダブルクリックして選択し、角のドラッグポイントを引っぱっ
てマスクを画面いっぱいに広げ❼てテキスト全体が表示されるようにします。

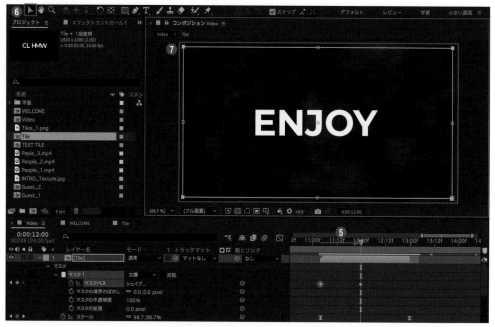

▲ マスクを使った上下に幕が上がる登場のトランジションができました。

レイヤー［Tile］❽を選択して、［エフェクト＆プリセット］パネルから［CC RepeTile］❾を検索し
てダブルクリックで適用します。［エフェクトコントロール］パネル→［CC RepeTile］→［Expand
Right: 3500］、［Expand Left: 3500］、［Expand Down: 2000］、［Expand Up: 2000］❿に設定
して画面を複製します。

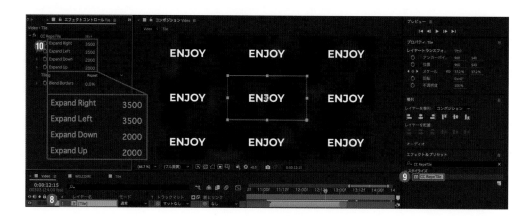

マスクが適用されているため、複製される範囲はマスクの形を変えると変化が加わります。最後にタイムラインパネルで、レイヤー [Tile] の ⚙ [モーションブラー] ⑪ をオンにすることでアニメーションに勢いをつけておきましょう。

▲ Lesson7 と同様に [色かぶり補正] を使ってグリッチを追加するとよいでしょう。

One Point フッテージの置き換えを活用しよう

　After Effects では、[フッテージの置き換え] を使うことで、編集したレイヤーに使われている素材をそのまま別の差材に入れ替えることができます。[コンポジット] パネルから素材を選択し、右クリックのメニューから [フッテージの置き換え] → [ファイル] をクリックし、ダイアログメニューから置き換えたい素材を選択します。一括で素材が入れ替わるため、使用していた素材の名前や保存場所が変わってしまってリンクが切れてしまったときや、テンプレートとして使っている際に別の素材に入れ替えるときなどに修正の手間を省くことができる方法です。

🖉 ロトブラシツール　🖉 ルミナンスキー　🖉 コンテンツに応じた塗りつぶし

背景を切り抜く

背景を切り抜く方法はいくつかありますが、ここではAfter Effects単体で行う方法と、Photoshopと連携して行う方法をどちらも解説します。

① 人物の静止画を切り抜く

コンポジション [Outro] ❶をダブルクリックして開きます。コンポジション [Outro] には人物を切り抜きするための動画クリップ3つが含まれています。

ロトブラシツール

ブラシで画面上の目的のオブジェクトをなぞることで、AIによってその輪郭を検出しその部分だけを抜き出すことができるツールです。クロマキー素材のような撮影時の特別な準備がいらないため、様々な素材に対して使用することができます。また、細かい部分の調整には同じツールグループにある[エッジを調整ツール]を使用します。

［現在の時間インジケーター］を左右に移動❷して、静止画として利用したいフレームを探します。使用するフレームが決まったら、現在の時間インジケーターを合わせた状態でレイヤーの右クリックメニューから［時間］→［フレームを固定］❸をクリックして、選択したフレームで固定します。残りの2つのレイヤーに対しても同様の手順で使用するフレームを選んで固定しておきましょう。

▲［ソロ］もしくは［非表示］の機能を使って作業しましょう。

❷ ロトブラシツールで切り抜く

1つ目の切り抜きの方法として、レイヤー［People_1.mp4］をロトブラシツールで切り抜いていきます。 ▧［ロトブラシツール］❶を選択し、［コンポジション］パネルの画面をダブルクリックすると、新たに［レイヤー］パネル❷が開きます。

切り抜きたい人物の形に合わせて画面上をドラッグ❸していくと、マゼンタ色の枠線（選択範囲）❹
が出現し、人物の外枠を囲むことができます。選択範囲を解除する場合は Option （ Alt ）キーを押し
ながら解除したい領域の上をドラッグ❺することで解除することができます。全体の外枠❻が選択
できたら次に進んで細かい選択範囲の調整をしていきます。

▲ ⌘ （ Ctrl ）キーを押しながらドラッグするとブラシサイズを変更することができます。

続けて、🖌[ロトブラシツール] を長押しして、🖌[エッジを調整ツール] ❼に切り替えます。髪の毛な
どの選択範囲を修正したい部分をなぞるようにドラッグ❽すると自動で調整され新しい選択範囲❾
に編集できます。

▲ 自動で選択されていない部分をなぞると、それに合わせて選択範囲を修正できます。

[コンポジション] パネルのタブ❿をクリックし
て（もしくは [レイヤー] パネルを閉じる）戻る
と、レイヤー [People_1.mp4] が切り抜いた部
分だけの表示になっていることが確認できます。

▲ ここではわかりやすいように編集したレイヤーだけを表
示しています。

切り抜いた人物は画面左に配置しておきます。レイヤー [People_1.mp4] を選択し、Ｐキーを押して [位置: 440.0, 540.0] ⑪程度にしておきます。

❸ ルミナンスキーで背景を削除する

続いてルミナンスキーのエフェクトで背景を削除していきます。レイヤー [People_2.mp4] ❶を選択し、■ [ソロ] ❷をクリックして、オンにすることでレイヤー [People_2.mp4] のみを表示します。

レイヤー [People_2.mp4] の様に手前の被写体と背景の明るさがはっきりと違う場合は輝度によるキーイングを行うことができます。[エフェクト＆プリセット] パネルから [ルミナンスキー] ❸を検索してダブルクリックで適用します。[エフェクトコントロール] パネル→ [ルミナンスキー] → [キーの種類: 明るさをキーアウト] ❹、[しきい値: 240] ❺、[エッジのぼかし: 0.3] ❻として切り抜きます。

▲キーの種類を変えると切り抜く対象を変えることができます。

[ルミナンスキー] だけで切り抜けない余分な部分は■ [ペンツール] ❼を選択し、コンポジションパネルの画面上をクリックしてポイントを打っていき、マスク❽を作成して切り抜きます。

④ Photoshopと連携して切り抜く

ここからはAdobe Creative Cloudに含まれているソフトウェアPhotoshopを利用した切り抜き方法を解説します。After Effectsだけで操作を行う場合は手順2の方法でレイヤー [People_3.mp4] を切り抜いてから、手順5に進んで下さい。

レイヤー [People_3.mp4] ❶を選択し、■[ソロ] ❷をクリックして、オンにすることでレイヤー [People_2.mp4] のみを表示します。

メニューバーの [ウィンドウ] のメニューから [コンテンツに応じた塗りつぶし] パネル❸を開きます。

[コンテンツに応じた塗りつぶし] パネル→ [塗りつぶし方式: エッジブレンディング] ❹、[範囲デュレーション全体] ❺とし、[リファレンスフレームを作成] ❻をクリックするとPhotoshopが起動し、現在表示されているAfter Effectsの画面がそのまま移行します。

Photoshopのメニューから［被写体を選択］❼をクリックすると、自動で被写体の形に合わせて選択範囲が作成されます。

❑［クリッピングマスク］❽をクリックすると選択範囲を切り抜くことができます。

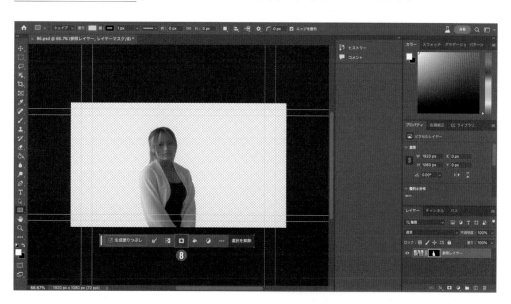

［ファイル］→［保存］❾をクリックして上書き保存すると編集内容がAfter Effectsに反映されます。保存が完了したらPhotoshopは終了させます。

▲ Photoshopの選択範囲は［選択範囲ツール］で編集します。必要に応じて修正しましょう。

After Effectsに戻るとタイムラインパネルにPhotoshopで編集したレイヤー［リファレンスフレーム］❿が作成されています。元となったレイヤー［People_3.mp4］は必要ないので削除し、レイヤー［リファレンスフレーム］を選択して、⌘（Ctrl）＋Option（Alt）＋Tキーを押してタイムリマップを開き、レイヤーの端を左右にドラッグ⓫⓬して伸ばしておきます。

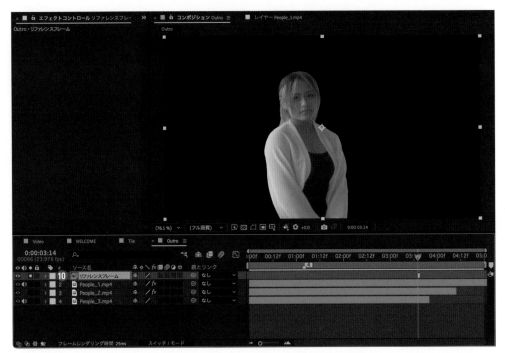

▲ここではわかりやすいようにレイヤー［リファレンスフレーム］だけを表示しています。

▲今回は元にしたレイヤーを削除しましたが、改めて使用する可能性がある場合は非表示にして残しておくのも良いでしょう。

⑤ 画像を白黒に統一する

全てのレイヤーの◙[ソロ] ❶をオフにして並べて表示させます。各レイヤーで Ｓ キーを押して [スケール]、Ｐ を押して [位置] を表示し、画面を見ながら 3 人の人物の [スケール] と [位置] ❷ を調整します。

▲ [スケール] と [位置] の調整には [タイトル／アクションセーフ] 表示を使うのも効果的です。

コンポジット [Outro] 内の全てのレイヤー❸を選択して、[エフェクト＆プリセット] パネルから [白黒] ❹ を検索してダブルクリックで適用します。自動的に画像が白黒になります。

⑥ 質感のあるフレームを作る

続いて、手書きで簡単な枠組みを作っていきます。あらかじめ全てのレイヤーの選択を解除しておきます。✎[ペンツール] ❶を選択して、[コンポジション] パネルの画面上をクリックしてポイントを打つことで、下部と上部にそれぞれ好きな形の図形❷を作ります。

▲ レイヤーが選択されているままの状態だと、マスクが作成されてしまうため注意が必要です。

[タイムライン] パネルに戻り、作成した [シェイプレイヤー1] ❶を選択して、[エフェクト&プリセット] パネルから [フラクタルノイズ] ❷を検索してダブルクリックで適用します。エフェクトコントロールパネル→[フラクタルノイズ] → [明るさ: -60.0] ❸、[トランスフォーム] → [スケール: 10.0] ❹にして、シェイプの中に細かいノイズを加えます。

▲ フラクタルノイズの設定は [明るさ]、[スケール] 以外も自由に設定してみてください。

⌘（Ctrl）+ Y キーを押して、[平面設定] ダイアログを開きます。[カラー] → [カラーボックス] ❺クリックして色を選択し、[OK] ❻で新しい平面を作成します。ここでは [カラー: #B91414] を選択しました。

［タイムライン］パネルに移動し、作成したレイヤー［深いレッド 平面1］をドラッグ❼して一番下に配置しておきます。続けて、［シェイプレイヤー1］を選択して、⌘（Ctrl）＋Ｄキーを押して複製し、その後、2つのシェイプレイヤーが3つの人物のレイヤーを挟むように配置❽しておきます。

▲ 平面レイヤーの名前は、［カラー］で選んだ色に合わせて自動的に変わります。

複製した［シェイプレイヤー］の手前に配置している方を選択し、［プロパティ］パネル→［レイヤーの内容］❾の中から上部のシェイプを選択して Delete キーを押して削除しておきます。

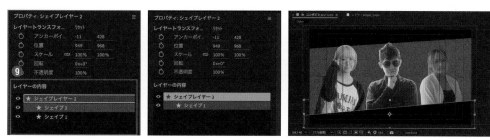

▲ 人物の頭に重なってしまっていた部分を削除しました。今回はエフェクトを適用する手間を減らすために1つのレイヤーにまとめてシェイプを作成する方法を使いました。

❼ ザブトンとタイトルを作る

タイトルを作成します。再び、全てのレイヤーの選択を解除しておきます。■［長方形ツール］❶を選択し、［コンポジション］パネルの画面上に横長の長方形シェイプ❷を作成します。作成したシェイプは［シェイプレイヤー3］❸となります。［整列］パネル→■［水平方向に整列］❹をクリックして横軸を中央に合わせます。

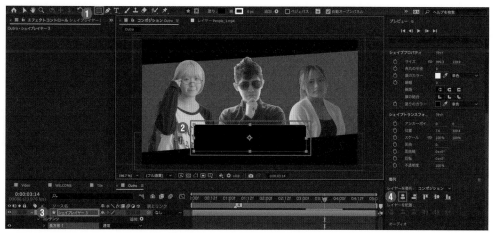

▲ここで作成したような、上にタイトルが重なる図形のことをザブトンと呼びます。

［シェイプレイヤー1］もしくは［シェイプレイヤー2］を選択して、［エフェクトコントロール］パネル→［フラクタルノイズ］**5** を選択して、⌘（Ctrl）＋C キーを押してエフェクトをコピーします。

［シェイプレイヤー3］を選択して、［エフェクトコントロール］パネルを開きます。何もない空白のスペース**6** で ⌘（Ctrl）＋V キーを押してエフェクト［フラクタルノイズ］をペーストします。

今回は［フラクタルノイズ］→［明るさ：60.0］**7** としておき、黒いノイズをシェイプに追加しました。

T［横書き文字ツール］でレイヤー［OPENER］**8** を作成し、▶［選択ツール］に切り替えて［シェイプレイヤー3］の上に配置します。テキストは［フォント：Montserrat Bold］、［フォントサイズ：180px］、［塗り：#000000］**9** としました。

⑧ 揺れのアニメーションを設定する

［タイムライン］パネルに移り、レイヤー［OPENER］→［親とリンク：シェイプレイヤー3］❶にします。［シェイプレイヤー3］を選択し、P キーを押して［位置］を表示します。［位置］→ ⏱ ［ストップウォッチ］❷を Option （ Alt ）キー＋クリックして、［エクスプレッション：位置］を開きます。［wiggle(2,5)］❸と入力することでシェイプとテキストが揺れるようになります。

▲ ［wiggle(2,5)］は1秒間に2回、数値5の幅で揺れるという指示になります。

［現在の時間インジケーター］を先頭のフレームに移動❹し、S キーを押して［スケール］→ ⏱ ［ストップウォッチ］❺をクリックしてキーフレームを打ちます。このキーフレームをドラッグして［03:00f］へ移動❻しておき、続けて［スケール：90.0, 90.0］❼として2つ目のキーフレームを打って揺れながら拡大するアニメーションが完成です。

▲ 作例では人物名を［フォント：Montserrat Bold］、［フォントサイズ：50px］で作成しました。

One Point　エクスプレッションを知ろう

エクスプレッションとはアニメーションの設定作業を簡略化することのできる機能です。プロパティごとに設定することができ、JavaScript コードで記載されています。ただし、高度なプログラミングの知識は必要なく、エクスプレッション言語メニューから選んで設定したり、ピックウィップで紐づけなど After Effects のインターフェイス上で完結する作業がほとんどです。

今回使用したエクスプレッション［wiggle］はランダムな数値を返して代入するエクスプレッションです。指定する設定は❶1秒間に何回数字を代入するか、❷変化の幅の最大値、の2つだけです。入力は［wiggle（❶, ❷）］の順で入力します。手順8のようにオブジェクトの［位置］や［回転］などにランダムな要素を取り入れたいときに活用するとよいでしょう。

Lesson 12

ターピュレントディスプレイス

歪みを使ったトランジション

ここでは調整レイヤーを使わずにコンポジションに対して動きのアニメーションと歪みの
エフェクトを適用してトランジションを作っていきます。

❶ スケールで登場させる

[タイムライン] パネルでコンポジション [Video] のタブ❶をクリックして開きます。[現在の時間イ
ンジケーター] を [13:00f] ❷に移動します。レイヤー [Outro] を選択し S キーを押して、[スケー
ル] →◯ [ストップウォッチ] ❸をクリックしてキーフレームを打ちます。作成したキーフレームは
ドラッグして [15:00f] に移動❹します。

続いて [スケール: 110.0, 110.0%] ❺としてキーフレームを打ちます。作成したキーフレームをド
ラッグして [13:10f] に移動❻します。

続けて、[スケール: 200.0, 200.0%] ❼としてキーフレームを打ちます。前側2つのキーフレーム
❽を選択し、F9 キーを押してイージーイーズを適用します。

[グラフエディタ] ❾をクリックして速度グラフを開き、それぞれのキーフレームのハンドルを左側へ最大までドラッグ❿し、アニメーションの開始で変化の速度が最大になるようにします。

② **タービュレントディスプレイスで画面を歪める**

レイヤー [Outro] ❶を選択し、[エフェクト＆プリセット] パネルで [タービュレントディスプレイス] ❷を検索してダブルクリックで適用します。[現在の時間インジケーター] を [13:00f] に移動❸し、[エフェクトコントロールパネル] → [量] と [サイズ] の⬛[ストップウォッチ] ❹をクリックしてそれぞれキーフレームを打ちます。

[現在の時間インジケーター] を [13:20f] に移動❺し、[量: 0.0] ❻、[サイズ: 250.0] ❼に設定します。全ての [タービュレントディスプレイス] キーフレーム❽を選択し、F9 キーを押してイージーイーズを適用します。

これらのキーフレームも［スケール］の時と同様に、■［グラフエディタ］❾をクリックして速度グラフを開き、それぞれのキーフレームのハンドルを左側へ最大までドラッグ❿し、アニメーションの開始で変化の速度が最大になるようにします。

この登場のトランジションにも［スケール］のアニメーションを設定しているので、■［モーションブラー］⓫をオンにすることで迫力あるモーションブラーを加えます。これで完成です。

▲ 様々なエフェクトを使って場面を次々と転換させていく作例が完成しました。

アニメーションを躍動させる

この章では静止画素材を使って複雑なアニメーションミュージックビデオを作成していきます。
レイヤー数が多くなるため作業に合わせてレイヤーのロックや非表示を使いながら
編集していきましょう。

グリッド　角丸長方形ツール　ドロップシャドウ　ノイズ　CC Vignette

フィルムノイズを作る

動画の背景とフレームを After Effects 上で作成し、アンティーク調なエフェクト表現を作成します。素材がなくても自分で画面を作れるようになりましょう。

One Point ▶ 使用するキャラクターイラストの準備と工夫

今回の作例で使用するイラストはポーズ違いの2種類とウィンクの差分を用意しました。場面の切替に合わせて使いわけたり、数フレームだけ差分のイラストに切り替えることでキャラクターにウィンクさせることができます。

イラスト：かにょこ
https://kanyoko.tumblr.com/

1 グリッド背景を作る

コンポジット［Intro］を開きます。背景用に新規平面レイヤー［BG］ ❶、［カラー：#FFC8F9］ ❷ を作成し、その上にもう1つ新規平面レイヤー［Grid］ ❸、［幅：2000 px, 高さ：2000 px］ ❹ を作成します。

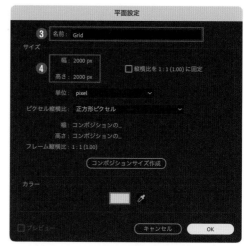

One Point ▶ 時代を感じさせる表現

古い時代の映像を再生すると、ホコリや傷跡のようなノイズが発生しているのを見たことがあると思います。これは、フィルムカメラで撮影を行ったフィルムは、再生時にそのフィルムを映写機に設置して高速で回転させながら投影を行う必要があり、これを何度も繰り返すうちにホコリや回転による縦傷がつくことで発生しています。このような現象をエフェクトで再現すると、古さを感じさせる表現を生み出すことができます。

レイヤー [Grid] を選択して、[エフェクト＆プリセット] パネルから [グリッド] ⑤ を検索して、ダブルクリックで適用します。[エフェクトコントロール] パネル→ [グリッド] → [グリッドサイズ：コーナーポイント]、[コーナー：1100.0, 1100.0]、[ボーダー：3.0] ⑥ とします。レイヤー [Grid] → [回転：0x+31.0°]、[スケール：140.0, 140.0%] ⑦ に調整しました。

▲ [グリッドサイズ：コーナーポイント] の場合は [コーナー] の値でグリッドの大きさを設定します。好みのサイズに設定したら、画面いっぱいに広がるように [スケール] を調整します。

② イラストを配置する

プロジェクトパネルから画像 [Smile.png] をドラッグして挿入し、画面の右側に配置 ❶ します。レイヤー [Smile.png] を複製して、下側のレイヤーを [描画モード：オーバーレイ] ❷、[スケール：150.0, 150.0%]、[不透明度：20%] ❸、として画面の左側に配置して投影表現を作ります。このレイヤーは、レイヤー [Grid] の下へ移動しておきましょう。

▲画像1枚でも奥行きのある場面を簡単に作ることができました。[描画モード] や [不透明度] はメインの画像が目立たなくならない程度で好きなように調整しましょう。

③ フレームを作成する

新規平面レイヤー [Frame] ❶、[カラー：#FFFFFF] ❷を作成し、このレイヤーを選択した状態で
■ [角丸長方形ツール] ❸をダブルクリックしてマスクを作成します。マスクの端のドラッグポイントをダブルクリックして、角のドラッグポイント ❹を出現させたら ⌘（Ctrl）+ Shift キーを押しながらドラッグし、縦横比を維持した状態でマスクを縮小 ❺させます。

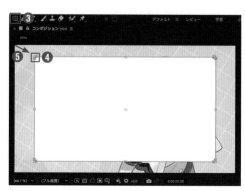

レイヤー [Frame] → [マスク] → [マスク1] → [反転：オン] ❻、[マスクの拡張：52.0 pixel] ❼
程度として、画面を見ながら全体の大きさを調整します。続けて、[エフェクト＆プリセットパネル]
から [ドロップシャドウ] ❽を検索して、ダブルクリックで適用します。[エフェクトコントロール]
パネル→ [距離：0.0]、[柔らかさ：100.0] ❾として影を作り、立体感のあるフレームの完成です。

④ ノイズを適用する

新規調整レイヤー［ノイズ＆ビネット］❶をレイヤー［Smile.png］の上に作成します。［エフェクト
＆プリセット］パネルから［ノイズ］❷を検索して、ダブルクリックで適用します。［エフェクトコン
トロール］パネル→［ノイズ量：10.0%］、［カラーノイズを使用：オフ］❸とします。

▲カラーノイズをオフにするとざらざらした質感を加えることができます。

⑤ ビネットを追加する

古いフィルムや写真などで見られる画像の周辺
が暗くぼけるビネットという効果をエフェクト
で再現します。［エフェクト＆プリセット］パネ
ルから［CC Vignette］を検索して、ダブルク
リックで適用します。

⑥ ほこりのノイズを追加する

調整レイヤー［ノイズ＆ビネット］の上に、新規
平面レイヤー［Noise］❶、［カラー：#FFFFFF］
❷を作成します。

レイヤー［Noise］を選択し、［エフェクト＆プリセットパネル］から［フラクタルノイズ］❸を検索して、ダブルクリックで適用します。［エフェクトコントロール］パネル→［コントラスト：300.0］、［明るさ：-150.0］❹として、微かにちらつくノイズを作成します。

続けて、［展開のオプション］→［ランダムシード］→ ◉［ストップウォッチ］❺を Option （ Alt ）キー＋クリックしてエクスプレッションを追加します。［time*10］❻と記入して画面内に埃がちらつくようにします。

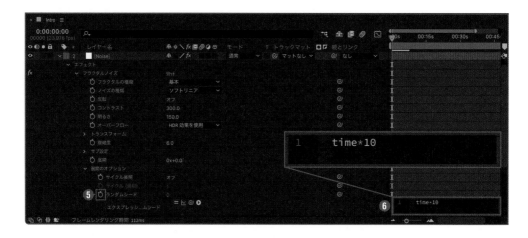

レイヤー［Noise］をプリコンポーズし、コンポジットレイヤー［Noise］❼としておきます。［描画モード：スクリーン］❽として白い部分のみ表示されるようにします。

📎 オーディオスペクトラム

オーディオスペクトラムを作る

音に反応して動くオーディオスペクトラムを作成します。エフェクトを適用して見た目や反応の強さを設定するだけで簡単に使うことができます。

① オーディオスペクトラムを適用する

レイヤー [Grid] の上に、新規平面レイヤー [Spectrum] ❶、[カラー：#FFFFFF] ❷ を作成します。また、音楽ファイルをコンポジット内の一番下に挿入❸します。

One Point ▶ **作例で使用した楽曲の紹介**

今回は魔王魂で公開されている楽曲 [シャイニングスター] を使って作例を作っています。

「シャイニングスター」(https://maou.audio/14_shining_star/)
音楽：魔王魂
作詞作曲：森田交一　ボーカル：詩歩　ギター：森田交一

レイヤー [Spectrum] を選択し、［エフェクト＆プリセット］パネルから［オーディオスペクトラム］❹を検索して、ダブルクリックで適用します。［エフェクトコントロール］パネル→［オーディオスペクトラム］→［オーディオレイヤー］❺から音楽レイヤーを指定することで、スペクトラムメーターがその音楽に合わせて反応するようになります。

② スペクトラムを調整する

続けて、［開始ポイント：480.0, 544.0]、［終了ポイント：1440.0, 540.0] ❶、［最大高さ：1000.0] ❷、［太さ：5.00]、［柔らかさ：0.0%]、［内部のカラー：#FFFFFF]、［外部のカラー：#FFFFFF] ❸として、スペクトラムの見た目を調整します。さらに画面を見ながらオーディオスペクトラムが反応する周波数の範囲を調整します。ここでは、［終了周波数：1200.0] ❹程度としました。

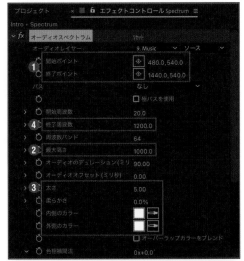

▲ 見た目は自分の好きなように調整しましょう。特に反応する周波数の範囲は曲に合わせて調整が必要となるので［現在の時間インジケーター］を動かしながらちょうど良い範囲を探しましょう。

✎チョーク　✎高速ボックスブラー　✎グロー

ライトリークを作る

シェイプと描画モードを組み合わせて、ライトリーク（光漏れ）と呼ばれる映像の上にレンズで逆光を映したような光の表現を作ります。

━━━╟╟╟━━━

① シェイプレイヤーを作成する

全ての選択を解除し、⬤[楕円形シェイプツール] ①で画面中央付近に [シェイプ1] ②、[塗り：＃FFCD61] を作成します。この後複数のシェイプとまとめてトランジションとして利用したいので、レイヤー [シェイプ1] をプリコンポーズして、コンポジションレイヤー [Light leak] ③としておきます。

▲ シェイプの塗りの色はライトとして使えそうな明るい色を選びましょう。

② 光を中央に集める

コンポジション [Light leak] を開きます。[00:12f] で [シェイプレイヤー1] → [位置] のキーフレーム❶を打ちます。光が画面の左外から登場するアニメーションになるように、[00:00f] でシェイプを画面の左外にドラッグしてキーフレーム❷を打ちます。さらに、▨ [ペンツール] ❸で [位置] のポイントのハンドルをドラッグ❹し、ベジェを使った曲線の軌道にします。

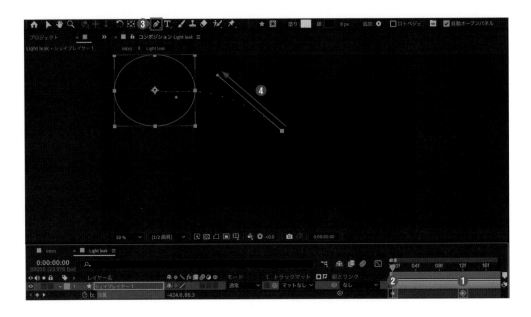

③ 別の色のシェイプを作成する

[シェイプレイヤー1] を複製し、[シェイプレイヤー2] ❶、[塗り：#CBFF61] としておきます。手順2と同様に、[00:00f] で [シェイプレイヤー2] を画面の右外に配置しておき、シェイプが画面右外から中央へ移動するキーフレーム❷を打っておきましょう。

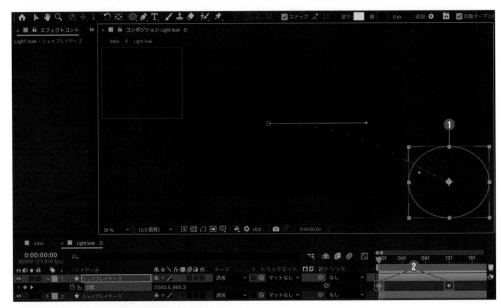

▲こちらもベジェを使って軌道を曲線に変えておきましょう。

4 シェイプを重ねる

2つのシェイプレイヤーの [モーションブラー] ❶をオンにします。新規調整レイヤー [チョーク] を作成し、[エフェクト＆プリセット] パネルから [チョーク] ❷を検索して、ダブルクリックで適用します。[エフェクトコントロール] パネル→ [チョーク] → [チョークマット：3.00] ❸にしてブラーのかかる範囲を絞っておきます。

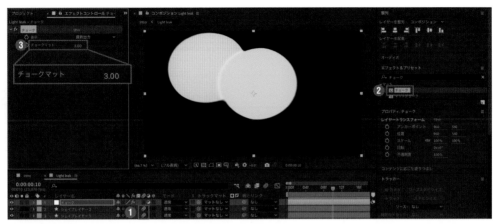

▲ [チョーク] によって滑らかなエッジにしています。

さらに、[エフェクト＆プリセット] パネルから [高速ボックスブラー] ❹を検索して、ダブルクリックで適用します。[エフェクトコントロール] パネル→ [高速ボックスブラー] → [ブラーの半径：100.0]、[繰り返し：14] ❺として光をぼかして広げます。

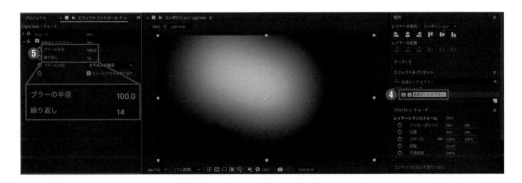

⑤ グローで光を強める

コンポジション [Intro] に戻り、コンポジションレイヤー [Light leak] の [描画モード：加算] ❶ に変更して光を強めます。さらに [エフェクト＆プリセット] パネルから [グロー] ❷ を検索して、ダブルクリックで適用することで、明るいライトリークが画面内に登場するアニメーションになります。最後にコンポジットレイヤー [Light leak] は長さを 15 フレーム程度でカット ❸ して、レイヤー [Frame] の下に配置しておきます。

▲ 画面がフラッシュしている間に次のシーンへと切り替えるトランジションとして使います。

One Point ▶ エフェクトを重ねて複雑な表現を作る

エフェクトはそれを適用してちょっとした設定をするだけでも様々な表現を作り出すことができますが、より自然に見せるには様々なエフェクトを重ねて調整する必要があります。例えば筆者はエフェクト [グロー] を2重にかけるようにしており、1つ目の [グロー] は [グロー半径] の値を低めに設定して光らせたいオブジェクトを光らせておき、2つ目の [グロー] ではそのオブジェクトから広がる光を作るために [グロー半径] を大きくしたものを重ねがけしています。経験によって得られる知識もありますが、様々な映像表現を見て自分でも作ってみたいものを探し、それがどのように作られているのか分析することからはじめてみて下さい。

ガイドレイヤー

ガイドレイヤーを作る

複数のコンポジションを作って編集する際に、音楽のレイヤーをガイドレイヤー化することで、毎回音のON/OFFを切り替えなくても編集ができるようになります。

⬡ コンポジションを分ける

楽曲を使った動画を作成していると、イントロやAメロなどの区切りで場面を転換させることがよくあります。ここではイントロの部分でコンポジット [Intro] をまとめましょう。音楽のレイヤーを複製しておき、複製元の音楽のレイヤー以外の全てのレイヤーを選択し、プリコンポーズ❶を行ってコンポジットレイヤー [Intro] ❷としてまとめておきます。

⬡ ガイドレイヤーを作成する

コンポジション [Intro] を開きます。音楽のレイヤーを選択し、右クリックのメニューから [ガイドレイヤー] ❶をクリックしてチェックを入れます。ガイドレイヤーに指定すると、コンポジション内では音楽レイヤーとして音が聞こえますが、そのコンポジションの外では音は反映されません。

> **ガイドレイヤー**
>
> ガイドレイヤーを適用されたレイヤーは、プレビューの際にはその存在が反映されますがレンダリングの際には反映されないようになり、編集時のガイドとしての役割を果たします。

Lesson
5

🖉タービュレントディスプレイス　🖉チョーク　🖉CC Particle Systems II

煙の爆発を作る

エフェクトを活用し、ペンツールで描いたコミカルな爆発の煙が広がって、画面を切り替えるトランジションを作成します。

――――――――――――|||――――――――――――

① 複雑な手書きシェイプを作る

コンポジション［雲のトランジション］を開きます。🖉［ペンツール］❶で自由に雲のような形のシェイプを作成❷してシェイプレイヤー［雲1］とします。シェイプレイヤー［雲1］は■［水平方向に整列］と■［垂直方向に整列］で画面中央に配置しておきましょう。

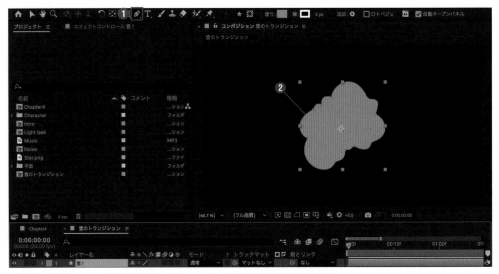

▲ 手持ちの写真やフリー素材などを上からトレースして形を作ると簡単に作れます。

② トランジションを設定する

［00:00f］で、シェイプレイヤー［雲1］→［回転］、［スケール］のキーフレーム❶を打ち現在の状態を保存しておきます。

[00:03f] で［回転：1x+0.0°］として１回転させるキーフレーム❷を打ち、さらに［00:09f］で、［スケール］を拡大してシェイプレイヤー［雲1］が画面いっぱいに広がった状態のキーフレーム❸を打ちます。

シェイプレイヤー［雲1］を複製し、シェイプレイヤー［雲2］❹とします。下側のシェイプレイヤー［雲1］の先頭を［00:07f］に配置し、上に重なっているシェイプレイヤー［雲2］の［トラックマット：雲1］❺、🔳［トラックマットの反転］❻をオンとします。

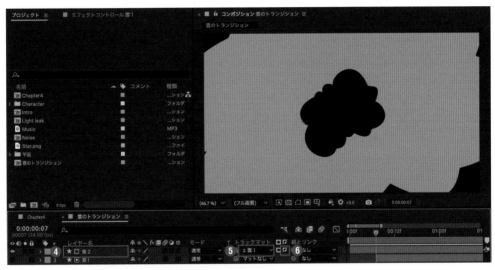

▲ 下に配置したシェイプの形がくり抜かれた状態の表示になります。

③ レイヤーを重ねる

シェイプレイヤー [雲1] と [雲2] をまとめて複製し、それぞれ [雲3] と [雲4] ❶ としてラベルの色 ❷ を変えておきます。シェイプレイヤー [雲1] と [雲2] の先頭を1フレーム後ろにずらして配置 ❸ し、シェイプの塗りを近い色に変更します。

④ シェイプをゆがませる

新規調整レイヤー [タービュレント＆チョーク] ❶ を作成し、[エフェクト＆プリセット] パネルから [タービュレントディスプレイス] ❷ を検索して、ダブルクリックで適用します。さらに [チョーク] ❸ も適用して、[エフェクトコントロール] パネル → [チョーク] → [チョークマット：10.00] ❹ とします。

[00:00f] で [タービュレントディスプレイス] → [量：0.0]、[サイズ：100.0] のキーフレーム❺を打ちます。さらに追加して、[00:05f] で [量：300.0] ❻、[00:10f] で [量：0.0]、[サイズ：50.0] のキーフレーム❼を打ちます。

❺ パーティクルを作る

新規平面レイヤー [Particle] ❶、[カラー：#FFFFFF] ❷を作成し、先頭を [00:06f] に配置します。

レイヤー [Particle] を選択し、[エフェクト＆プリセット] パネルから [CC Particle Systems II] ❸を検索して、ダブルクリックで適用します。レイヤーの先頭のフレームに [エフェクトコントロール] パネル→ [Birth Rate：10.0] ❹でキーフレームを打ちます。

続けて、[Producer] →[Radius X：0.0]、[Radius Y：0.0]、[Physics] →[Velocity：4.0]、[Gravity：1.0]、[Particle]→[Particle Type：Lens Fade]、[Birth Size：1.20]、[Death Size：0.10]、[Size Variation：100.0%]、[Max Opacity：100.0%] **⑤** とします。

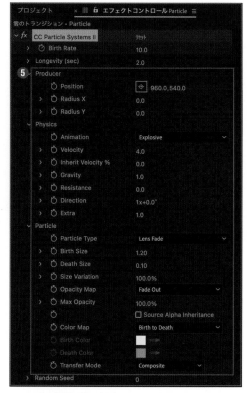

▲これらの数値が何を設定しているのかはChapter5で詳しく解説します。

さらに [00:10f] で [Birth Rate：0.0] としてキーフレームを打つ**⑥**とパーティクルの発生が止まり、次第に小さくなって消えていきます。

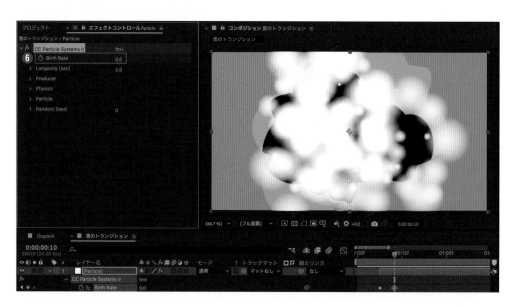

6 液体のような表現を作る

手順5で作成したパーティクルを液体のような表現にします。レイヤー[Particle]を選択して、[エフェクト＆プリセット]パネルから[エコー] ❶ を検索して、ダブルクリックで適用します。[エフェクトコントロール]パネル→[エコー]→[エコーの数：2]、[開始強度：0.70] ❷ とします。

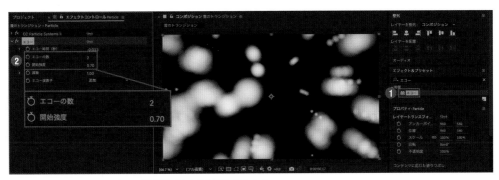

▲ エコーによってパーティクルが引き延ばされた表現になります。

続けて、[エフェクト＆プリセット]パネルから[チョーク] ❸ を検索して、ダブルクリックで適用します。[エフェクトコントロール]パネル→[チョーク]→[チョークマット：50.00] ❹ とします。

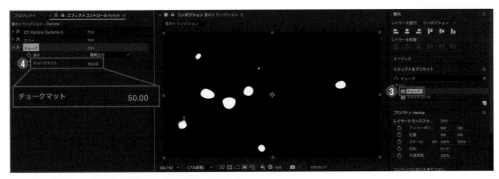

▲ シェイプが絞られて液体の飛沫のような表現になります。

続けて、[エフェクト＆プリセット]パネルから[塗り] ❺ を検索して、ダブルクリックで適用します。[エフェクトコントロール]パネル→[塗り]→[カラー]のスポイト ❻ でシェイプレイヤー[雲2]の色を選択して合わせておきます。

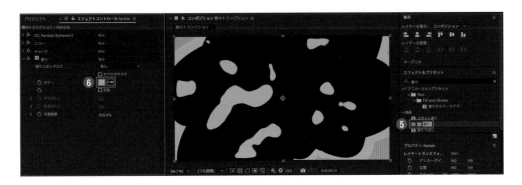

7 コンポジションの範囲を決める

［現在の時間インジケーター］をアニメーションが終わる［01:06f］あたりへ移動❶し、Ｎキーを押して、ワークエリアの範囲を合わせます。［ワークエリア］❷を右クリックして、メニューから［コンポジションをワークエリアにトリム］❸をクリックします。コンポジションの範囲が変わり、必要な部分だけにできました。

▲いらない部分を削除ではなく、コンポジションの範囲外としておくことで後から編集が必要になった場合でも対応しやすくなります。

One Point ▶ **パーティクルを活用する幅を広げよう**

本書では様々な場面でパーティクルを作成しています。パーティクルを設定する際にはモーショングラフィックスと同様に動きをイメージしながら作ることが大切です。例えば爆発のように中心から全ての方向へ広げるのであれば［Gravity］の数値を0に近づけておき、重力の影響を少なくして均等に広げることで花火のような爆発のパーティクルを作ることができます。一方で、雨のような上から落ちてくるパーティクルであれば［Gravity］の数値は1よりも少しだけ下げて、［Producer］→［Position］を画面外の上の方に設定しておくことで上から雨粒のように軽いものが落ちる演出を作ることができます。

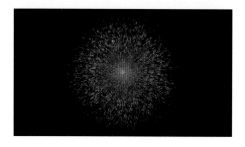

また、［CC Particle World］では、テクスチャ素材でパーティクルを入れ替えることができます。例えば［Particle Type］→［Textured TriPolygon］や［Textured QuadPolygon］として、［Texture］から桜の花びらや落ち葉の形の素材を指定することでパーティクルを指定した素材に入れ替えることができます。

✎アニメーター　✎レイヤースタイル　✎グラデーション

Lesson 6 レイヤースタイルでタイトルを作る

テキストを見やすくかつ作風に合わせてデザインしていきます。ここでは枠組みや影を追加してポップでかわいらしい表現を作ります。

―――‖‖‖―――

① テキストを入力する

コンポジション[Logo]を開きます。T [横書き文字ツール] ❶でタイトルを入力し、テキストレイヤー[Title]を作成します。[整列]パネル→▣[水平方向に整列]と▣[垂直方向に整列] ❷で画面の中央に配置します。

▲ タイトルのフォントは曲のイメージに合わせましょう。ここでは[VDL メガ丸]を使っています。

② 字送りでテキストを広げる

テキストレイヤー[Title]→[テキスト]→▶[アニメーター]をクリックし、メニューから[字送り] ❶を追加します。[00:00f]で[トラッキングの量：-180] ❷としてキーフレームを打ち、テキストを中央に集めた状態を作ります。

[00:05f]で[トラッキングの量：-30]❸程度として、テキストが読めるくらいまで文字同士の間隔を広げます。さらにタイムラインの最後のフレームに[トラッキングの量：20]❹程度のキーフレームを打ち、テキストが徐々に広がるアニメーションを作ります。

❸ スケールでテキストを登場させる

▦[アンカーポイントツール]でテキストの中央にアンカーポイントを配置します。[00:05f]で[スケール：100.0, 100.0%]のキーフレーム❶を打ち、[00:00f]で[スケール：0.0, 0.0%]のキーフレーム❷を打ちます。画面の中心からテキストが出現するアニメーションができました。

❹ テキストにグラデーションを加える

テキストレイヤー[Title]を選択し、[エフェクト＆プリセット]パネルから[グラデーション]❶を検索して、ダブルクリックで適用します。[エフェクトコントロール]パネル→[グラデーション]→[グラデーションの開始：960.0, 400.0]、[開始色：#FFC1C3]、[グラデーションの終了：960.0, 700.0]、[終了色：#FF0091]❷として、テキストにグラデーションを作ります。

▲グラデーションの開始と終了の配置によってグラデーションの方向や変化の強さが変わります。

⑤ レイヤースタイルを編集する

テキストレイヤー [Title] を選択し、右クリックのメニューから [レイヤースタイル] → [ドロップ
シャドウ] ❶をクリックして適用します。[レイヤースタイル] → [ドロップシャドウ] → [不透明度：
100%] ❷、[距離：10.0] ❸としてテキストに影を作ります。

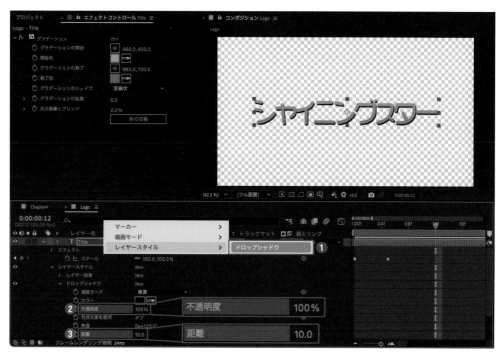

▲確認するために表示を透明グリッドに切り替えましょう。

同様に、右クリックのメニューから [レイヤースタイル] → [光彩（内側）] ❹をクリックして適用し
ます。[レイヤースタイル] → [光彩（内側）] → [不透明度：100%] ❺、[カラー：#FABBFF] ❻と
して、テキストの枠の内側に光のエッジを加えます。

さらに、右クリックのメニューから［レイヤースタイル］→［境界線］**7**をクリックして適用します。
［レイヤースタイル］→［境界線］→［カラー：#1C1C1C］、［サイズ：5.0］**8**としてテキストに枠線
を加えます。

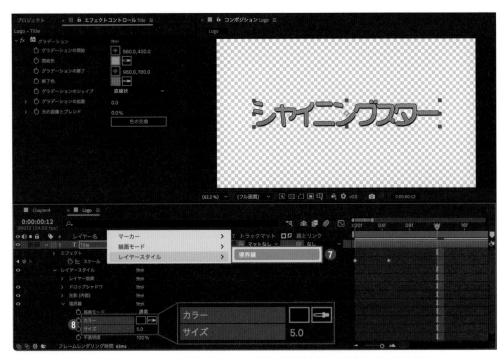

▲ ロゴ素材がなくても、レイヤースタイルを使えばテキストに様々な設定を追加して使うことができます。

6 テキストの反射光を作る

テキストレイヤー［Title］を複製し、テキストレイヤー［Title2］**1**、［描画モード：スクリーン］**2**
として、手順5で追加した3つのレイヤースタイルの項目は削除しておきます。テキストレイヤー
［Title2］を選択して、■［長方形ツール］でテキストの左側にマスク**3**を作成し、斜めに回転させて
おきます。

テキストが登場する［00:05f］で、［マスク1］→［マスクパス］にキーフレーム❹を入れます。さらに、［02:00f］でマスクパスをテキストの右側へとドラッグしてキーフレーム❺を打ち、テキスト上を光が横切る演出を作ります。

▲ マスクを複数用意したり、太さや移動の速度を変えたりして光らせ方を工夫できます。

7 コンポジションにレイヤースタイルを適用する

同じレイヤースタイルは重ねて設定することはできませんが、コンポジションレイヤーにした後でなら再び同じレイヤースタイルを適用することができます。コンポジション［Chapter 4］にコンポジション［Logo］❶を挿入し、右クリックのメニューから［レイヤースタイル］→［境界線］❷をクリックして適用します。［レイヤースタイル］→［境界線］→［カラー：#FFFFFF］、［サイズ：10.0］❸とすることで、ステッカーのようなポップなタイトルが完成しました。

🖉 カメラ　🖉 ヌル　🖉 3Dレイヤー

カメラとヌルを設定する

After Effectsの特徴である仮想カメラを作成して、カメラワークを作っていきます。また、カメラを動かすためにヌルレイヤーを活用します。

1 カメラをヌルに接続する

コンポジット [Camera work] を開きます。カメラの対象となるのは 🔲 [3Dレイヤー] ❶ をオンにしたレイヤーのみとなるため、それぞれのレイヤーで事前に準備をしています。カメラを使うことで奥行きのある映像表現が可能になります。

カメラ（カメラレイヤー）

3Dレイヤーに対して視点効果を設定することができるレイヤーです。カメラの種類には [1ノードカメラ] と [2ノードカメラ] がありますが、その違いは目標点の有無です。[2ノードカメラ] には目標点があり、設定した目標点の座標に常にカメラが向いている状態になりますが。一方で [1ノードカメラ] では目標点がないためカメラ単体を自由に動かすことができます。基本的には [2ノードカメラ] をヌルとリンクさせて操作することで [2ノードカメラ] に [1ノードカメラ] の性質を加えて使用する方法を取ることが多いです。

メニューバーの［レイヤー］のメニューから［新規］→［カメラ］ ❷ をクリックして、カメラレイヤー
［カメラ 1］を作成します。［カメラ設定］ダイアログでは焦点距離や画角などを設定することができ
ます。ここでは［種類：2 ノードカメラ］として［OK］ ❸ をクリックします。［カメラ 1］はコンポジッ
トレイヤー［Logo］の上に重ねておきます。

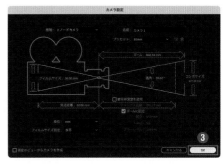

続いてメニューバーの［レイヤー］のメニューか
ら［新規］→［ヌルオブジェクト］ ❹ をクリック
して、ヌルレイヤー［ヌル 1］を作成し、 [3D
レイヤー］ ❺ をオンにしておきます。［カメラ 1］
→［親とリンク：ヌル 1］ ❻ として、ヌルオブ
ジェクトの位置を動かしてカメラを操作する準
備をします。

One Point **カメラを動かすツールを知っておこう**

カメラを動かすための 3 つのツールを使うと、［コンポジション］パネル上の直感的な操作でカメラの
トランスフォームを変更することができます。本書の中では使用しませんが、練習としてカメラ単体を
ツールで操作してみて下さい。

▶ カーソルの周りを周回ツール
クリックした場所を中心に画面が 3D 回転するようにカメラを動かします。
▶ カーソルの下でパンツール
クリックした場所を中心に画面が上下左右に 3D 移動するようにカメラを動かします。
▶ カーソルに向かってドリーツール
クリックした場所を中心に画面を 3D 拡大・縮小するようにカメラを動かします。

---

② カメラワークを設定する

前へと近づいていくカメラワークであるドリーインを設定していきます。[09:08f] でカメラとヌル
をそれぞれ分割して、分割後のレイヤーは [カメラ2] と [ヌル2] ❶としておきます。ヌルレイヤー
[ヌル1] に、[06:08f] で [位置：固定，固定，-20.0] ❷、[06:18f] で [位置：固定，固定，90.0]
❸、[09:08f] で [位置：固定，固定，180.0] ❹とキーフレームを打つことでカメラが被写体に近づ
いていく動きを作ります。

③ カメラを切り替える

[12:08f] でカメラとヌルをふたたび分割して、分割後のレイヤーは [カメラ3] と [ヌル3] ❶として
おきます。カメラとヌルを分割していくと仮想の空間にカメラが複数台あるような状態になり、レイ
ヤーの切れ目でカメラを切り替えることができるようになります。ここでは [ヌル2] → [位置：固定，
固定，1000.0] 程度としてズームしている状態を作り、[09:08f] で [位置：700.0，1080.0，
1000.0] ❷、[12:08f] で [位置：700.0，980.0，1000.0] ❸のキーフレームを打ちカメラが上に
登っていく動きを作ります。

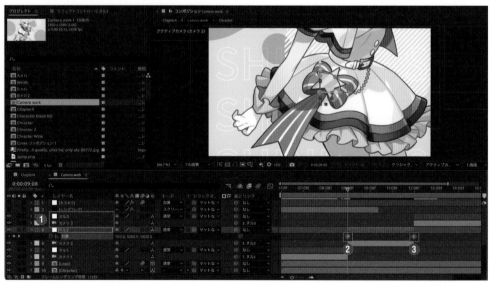

▲ ヌルのY軸を変化させ縦方向のカメラワークで作ります。

続けて［ヌル3］を選択し、［12:08f］で［位置：1020.0, 370.0, 1000.0］ ❹、［15:08f］で［位置：1200.0, 270.0, 1000.0］ ❺のキーフレームを打ち今度は顔をアップにした構図のカメラの動きを作ります。

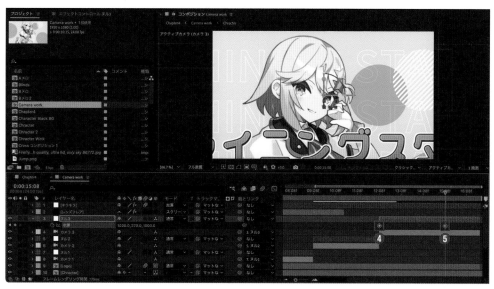

▲ カメラの操作が理解できたら、是非オリジナルのカメラワークに挑戦してみましょう。

❹ カメラの表示を切り替える

［コンポジション］パネルのプレビュー画面で［ビューのレイアウトの選択：2画面］❶とすると画面が2つに分かれてカメラの位置を確認することができます。カメラの選択は［3Dビュー］❷から行い、［現在の時間インジケーター］があるフレームでの任意のカメラの視点で画面が表示されます。また、［トップビュー］などに切り替えると上から俯瞰したカメラの位置を確認することができます。

⌗ パスのトリミング　⌗ スターツール　⌗ ドロップシャドウ

Lesson 8 手描き風ストロークを作る

シェイプや線が流れるモーショングラフィックスを作っていきます。また、エフェクトを
使って手書きのような質感を追加します。

ーーーⅠⅠⅠーーー

① 線描画アニメーションを作る

コンポジット [Start] を開きます。タイムラインには背景の平面レイヤーと、あらかじめ文字送りと
位置のアニメーションが設定されているテキストレイヤー [START] が並べられています。

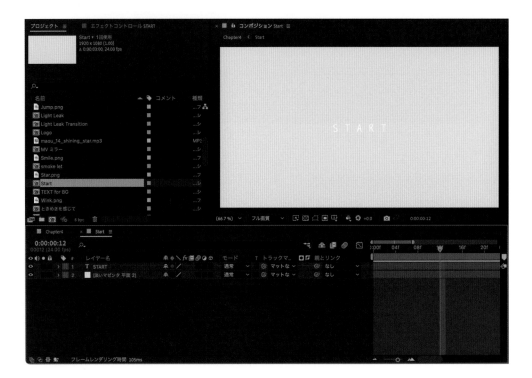

全ての選択を解除した状態で、✒[ペンツール]❶を選択し、[塗り：なし]、[線：#FFFFFF, 5px]❷と設定し、テキストの右上にベジェを使った曲線を描き[シェイプレイヤー1]❸とします。

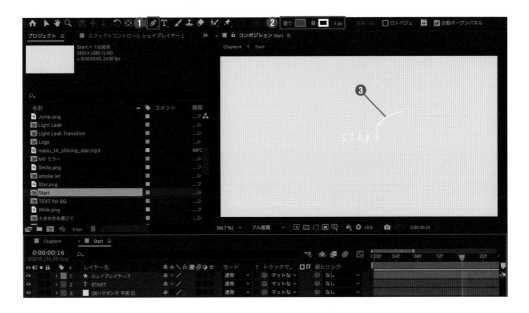

[シェイプレイヤー1]→[コンテンツ]→ ▶[追加]のメニューから[パスのトリミング]❹をクリックして選択します。[パスのトリミング1]を展開して、[00:12f]で[開始点：0.0%]、[終了点：0.0%]❺、[01：04f]で[開始点：100.0%]、[終了点：100.0%]❻のキーフレームを打ち、イージーイーズを適用します。

[開始点]のキーフレーム2つを選択し、[終了点]のキーフレームよりも1フレーム後ろにずらしておきます。[パスのトリミング1]のキーフレーム4つ全てを選択し、▣[グラフエディタ]❼をクリックして速度グラフを開き、[開始点]❽は最後に速度が速くなるように、[終了点]❾は冒頭で速度が速くなるようにそれぞれグラフのハンドルをドラッグして編集します。

② 流れ星のアニメーションを作る

☆［スターツール］を選択し、［塗り：#FFFFFF］としてからアイコンをダブルクリックして星の形の多角形［シェイプレイヤー2］を作成します。［シェイプレイヤー2］→［コンテンツ］→［多角形1］→［多角形パス］→［内半径：30.0］、［外半径：15.0］❶とします。

［シェイプレイヤー1］の線描画アニメーションに合わせて、［シェイプレイヤー2］の［位置］のキーフレーム❷を打ち流れ星のようなアニメーションを設定します。さらに［位置］に合わせて［回転］にもキーフレーム❸を打っておきます。

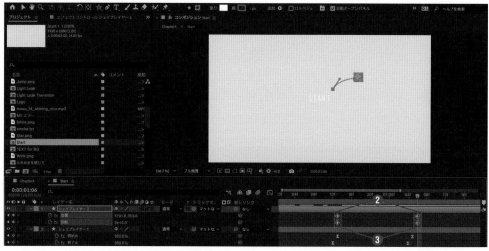

▲ペンツールを使って［位置］の軌道を曲線に変更すると良いでしょう。回転は［3x＋0.0°］として時計回りに3回転させます。

［シェイプレイヤー2］のキーフレームを全て選択し、イージーイーズを適用します。◙［グラフエディタ］❹で速度グラフを開き、［位置］と［回転］どちらも冒頭で速度が最も速くなるようにキーフレームのハンドルを最大までドラッグ❺します。

［シェイプレイヤー1］と［シェイプレイヤー2］はキーフレームの範囲に合わせて両端をカット⑥しておき、シェイプで作る流れ星の表現ができました。

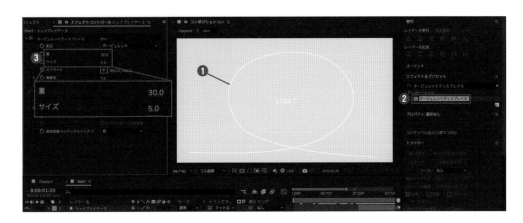

③ 手描きのような質感を作る

手順1と同様の方法で［シェイプレイヤー3］❶を作成し、線描画アニメーションを画面全体に加えます。［シェイプレイヤー3］を選択し、［エフェクト＆プリセット］パネルから［タービュレントディスプレイス］❷を検索して、ダブルクリックで適用します。［エフェクトコントロール］パネル→［タービュレントディスプレイス］→［量：30.0］、［サイズ：5.0］❸として、微妙に線が歪んだ手描きのような質感の表現になります。

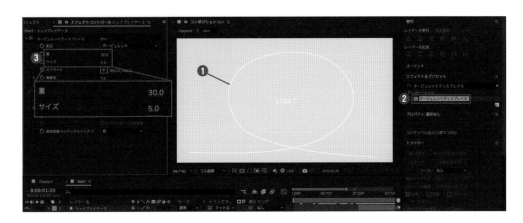

さらに［エフェクト＆プリセット］パネルから［ドロップシャドウ］❹を検索して、ダブルクリックで適用します。［エフェクトコントロール］パネル→［ドロップシャドウ］→［不透明度：30%］❺として立体感を生み出します。［タービュレントディスプレイス］と［ドロップシャドウ］のエフェクトは他のシェイプレイヤーだけでなく、テキストレイヤーにもコピー＆ペーストすることで手書き風の文字の表現を作ることができます。

Lesson

9

📎 ブラインド　📎 角丸長方形ツール

パターンの背景を作る

壁紙のように特定のオブジェクトの繰り返しを使った背景を作ります。さらにアニメーションを付けて動画ならではの動く背景にしましょう。

---

❶ ブラインドで背景を作る

コンポジット [Verse] を開きます。あらかじめガイドレイヤー [Music] と背景となる平面レイヤー [ホワイト 平面] が配置されています。まずは新規平面レイヤー [ブラインド] ❶、[カラー：#F9D773] ❷を作成します。

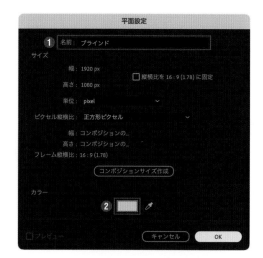

レイヤー [ブラインド] を選択し、エフェクト＆プリセットパネルから [ブラインド] ❸を検索して、ダブルクリックで適用します。[エフェクトコントロール] パネル→ [ブラインド] → [変換終了：50%]、[方向：0x+45°]、[幅：500] ❹として斜めのブラインドを作ります。

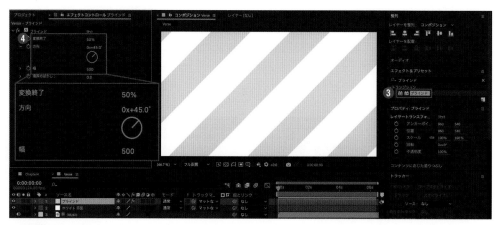

▲ [変換終了] でブラインドのストライプの比率を設定できます。

② 十字シェイプを作る

続いてパターン背景に使う十字のシェイプを作成します。全ての選択を解除し、■ [角丸長方形ツール] ❶、[塗り：#F0BC20]、[線：なし] ❷ としてから、アイコンをダブルクリックして [シェイプレイヤー1] を作成します。[シェイプレイヤー1] → [コンテンツ] → [長方形1] → [長方形パス1] → [現在の縦横比を固定：オフ] としてから [サイズ：100.0, 30.0] ❸ とします。

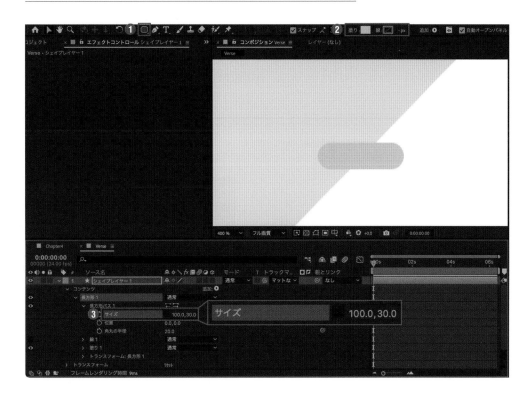

[長方形1] をコピーして、[シェイプレイヤー1] → [コンテンツ] にペーストして [長方形2] とします。[長方形2] → [トランスフォーム] → [回転：0x+90.0°] ❹ として2つのシェイプを十字に交差させます。

最後に［シェイプレイヤー1］の名前を［Cross］として、さらにプリコンポーズしてコンポジットレイヤー［Cross］ **5** としておきます。

3 回転のエクスプレッションを設定する

コンポジション［Cross］を開きます。［コンポジション設定］を開き、［幅：150 px, 高さ：150px］ **1** としておきます。

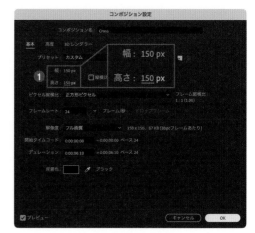

▲ここでの［コンポジション設定］は手順3での［モーションタイル］エフェクトの準備になります。

シェイプレイヤー［Cross］を選択し、［回転］→ 🕒 ［ストップウォッチ］ **2** を Option （ Alt ）キー＋クリックしてエクスプレッションを開きます。［time*50］ **3** と設定し、1秒間に50°のスピードで回転するシェイプの動きができました

④ モーションタイルでパターンを作る

コンポジション［Verse］に戻り、コンポジションレイヤー［Cross］を選択し、［エフェクト＆プリセット］パネルで［モーションタイル］❶を検索して、ダブルクリックで適用します。［エフェクトコントロール］パネル→［モーションタイル］→［出力幅：1500.0］、［出力高：1500.0］❷として、シェイプを画面いっぱいに広げます。

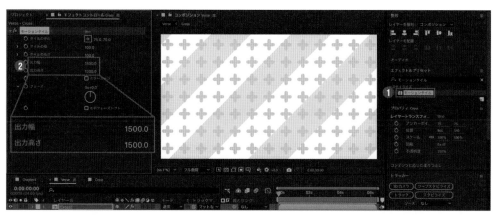

▲ シェイプだけであれば［コンテンツ］→［追加］→［リピーター］でもパターンを作ることができます

続けて、［フェーズ：0x+160.0°］❸程度としてシェイプのパターンをずらしていきます。パターンの間隔を広げたいときはコンポジション［Cross］を開き、［コンポジション設定］から幅と高さを変更することで反映されます。

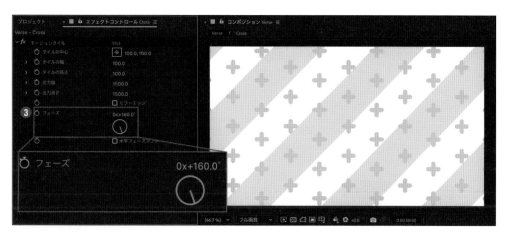

▲ 作例では最終的にコンポジション［Cross］で［コンポジション設定］→［幅：200.0, 高さ：200.0］としました。

Lesson **10**

🔗 ドロップシャドウ　🔗 範囲セレクター

テキストをバウンスさせる

テキストが下から弾みながら登場するポップなテキストアニメーションを作成します。テキストのアニメーターを追加しながら調整していきましょう。

─────────────── ‖‖‖ ───────────────

❶ テキストに立体感を与える

Ⓣ [横書き文字ツール] でテキストを入力して、テキストレイヤー [歌詞1] ❶ を作成します。ここでは [フォント：VDL メガ丸]、[サイズ：100px]、[塗り：#E35B52]、[ストローク：#FFFFFF]、[線幅：10px]、[ストロークの上に塗りつぶし] ❷ としました。画面右上のスペースに配置しておきます。

▲ テキストの設定は一例です。歌詞や作風、背景などに合わせて自由に設定しましょう。

テキストレイヤー [歌詞] を選択し、[エフェクト＆プリセット] パネルから [ドロップシャドウ] ❸ を適用します。エフェクトコントロールパネル→ [ドロップシャドウ] → [シャドウのカラー：#FFFFFF]、[不透明度：100%] ❹、[距離：6.0] ❺ としてテキストに厚みを与えます。

続けて［ドロップシャドウ］を複製し、今度は［ドロップシャドウ2］→［シャドウのカラー：テキストの塗りと同じ色］❻、［距離：7.0］❼としてさら厚みを加えます。

▲ もっと厚みを増やしたい場合は［ドロップシャドウ］をさらに重ねて設定すると良いでしょう。

❷ 位置のアニメーターを設定する

テキストレイヤー［歌詞1］→［テキスト］→ ▶[アニメーター］のメニューから、［位置］❶をクリックして追加します。［アニメーター1］→［範囲セレクター1］→［位置：0.0, -100.0］❷としてテキスト全体を縦方向に移動させます。

続けて、［00:00f］で［オフセット：-100%］❸、［01:00f］で［オフセット：100%］❹のキーフレームを打ちます。［オフセット］が変化することで、［範囲セレクター］で指定している範囲も変化して文字が1文字ずつ順番に動くようになります。

テキストのアニメーターには[範囲セレクター]という設定があります。これはアニメーターの対象となる範囲を設定しています。テキスト全体の左端が 0%、右端が 100% と数字で表されており、デフォルトでは[開始：0%]、[終了 100%]のため、テキスト全体が対象範囲に含まれていることになります。ここで[オフセット]を設定すると、その数値が[開始]と[終了]に追加されます。例えば、手順 2 の例の場合、[00:00f]では[オフセット：-100%]のため[開始：-100%]、[終了：0%]となりテキストのどの部分も対象になっていません。一方で[00:19f]のとき[オフセット：52%]のため[開始：52%]、[終了：152%]となり、テキストの後ろ半分程度（52% から 100%分）が設定したアニメーターの影響を受ける範囲となります。また、最終的に[01:00f]のとき[オフセット：100%]のため[開始：100%]、[終了：200%]となり、この場合でもテキストのどの部分も対象になっていません。テキストの[開始]、[終了]の考え方と、[オフセット]を利用して様々な表現を作ることができます。

③ アニメーターの詳細設定を行う

より高度なアニメーターの設定を行っていきます。[範囲セレクター1]→[高度]→[シェイプ：下へ傾斜]、[イーズ（高く）：100%]❶とします。[シェイプ]はテキストを動かす形を示し、[下へ傾斜]に設定したことでテキストが連なって引っ張られるようになり滑らかな動きになりました。また、[イーズ（高く）]を設定することでゆっくり動きはじめるようになります。

▲デフォルトの[シェイプ：短形]は長方形がテキストの下を順番に通りながら押し出すイメージでカタカタと一文字ずつ動く設定です。

④ バウンスの動きを作る

テキストのバウンスする動きをつくるため、アニメーターを複製し少し違った動きを作っておき、最後にまとめて[オフセット]のキーフレームをずらして配置することで設定します。まずは反発の動きを作ります。[アニメーター1]を複製して、[アニメーター2]❶とします。[アニメーター2]→[範囲セレクター1]→[高度]→[イーズ（高く）：50%]❷、[位置：0.0,50.0]❸とします。

今度は反発した動きが再度反発する動きを作ります。[アニメーター2]を複製して、[アニメーター3]❹とします。[アニメーター3]→[位置：0.0, -10.0]❺とします。

テキストレイヤー[歌詞1]のキーフレームを表示し、3つのアニメーターの[オフセット]キーフレームにイージーイーズを適用します。それぞれの[アニメーター]ごとに上から順に5フレームずつずらして配置❻することで、最終的にテキストの[位置（Y軸）]が-100 → 50 → -10と変化してバウンスしているように見える動きが完成です。

❺ スケールでテキストを登場させる

テキストレイヤー[歌詞1]→[テキスト]→▶[アニメーター]のメニューから[スケール]❶を追加します。[アニメーター4]→[範囲セレクター1]→[スケール：0.0, 0.0%]❷とします。

続けて、[00:00f] で [オフセット：0%] ❸、[01:00f] で [オフセット：100%] ❹のキーフレーム
を打ちます。テキストが左から順にスケールアップして登場する動きができました。[オフセット] の
キーフレーム2つを選択し、イージーイーズを適用しておきます。

▲ 実際には曲を聴きながら歌詞に合わせてキーフレームを細かく調整することでよりクオリティの高いものに仕上げてい
きます。

❻ 回転して登場させる

テキストレイヤー [歌詞1] → [テキスト] → ▶ [アニメーター] のメニューから [回転] ❶を追加しま
す。[アニメーター5] → [範囲セレクター1] → [回転：0x+90.0°] ❷とします。

続けて、[00:00f] で [オフセット：0%] ❸、[01:01f] で [オフセット：100%] ❹のキーフレーム
を打ちます。テキストが左から順にスケールアップして登場する動きができました。[オフセット] の
キーフレーム2つを選択し、イージーイーズを適用しておきます。

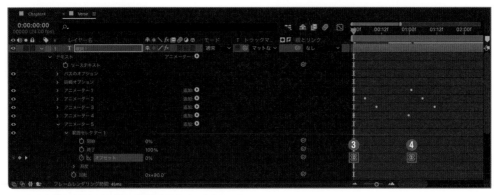

▲こちらも動きを見ながら好みの調整を加えていきましょう。

⑦ テキストをゆっくりと流す

最後にテキストをゆっくりと流す動きを作ります。テキストレイヤー［歌詞1］を選択し、［00:00f］で［位置］のキーフレーム❶を打ちます。続いて最終フレームで［位置］のX軸を進めたい方向にずらしてから［位置］のキーフレーム❷を打ちます。

▲ 作例ではゆっくりと右側へ流れていく動きを設定しています。

One Point アニメーションをプリセット化する

今回の様に細かいアニメーション設定を毎回行うと非常に時間がかかってしまいますが、プリセットとして保存しておくことで［エフェクト＆プリセット］パネルから通常のエフェクトと同じ感覚で使用することができます。保存したいアニメーターを選択し、メニューバーの［アニメーション］メニューから［アニメーションプリセットを保存］をクリックします。［After Effects］→［User Presets］に名前を付けて保存しておきましょう。また、Adobe Creative Cloud に含まれるアプリケーションの1つである Adobe Bridge では保存したプリセットのアニメーションの動きを確認することができます。

Lesson
11

ピントのボケとカメラワークを作る

After Effectsのカメラは実際のカメラと同様に焦点から外れたものにボケを加えること
ができます。ここではボケとカメラワークを使ったトランジションを作ります。

1 被写界深度をオンにする

コンポジット［Verse 2］を開きます。コンポジット［Verse 2］はあらかじめ曲に合わせて、これま
で作成したレイヤーを組み合わせて4つの場面がそれぞれ構成されています。

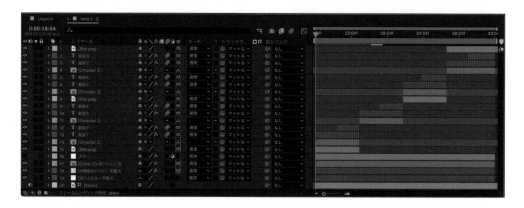

新規カメラレイヤー［カメラ2］と新規ヌルレイヤー［ヌル2］を作成して、どちらも［ラベルカラー：
グリーン］❶とします。ヌルレイヤー［ヌル2］→ 🔷［3Dレイヤー］❷をオン、カメラレイヤー［親
とリンク：ヌル2］❸としておきます。さらに各レイヤーで 🔷［3Dレイヤー］❹をオンとします。

[カメラ2] → [カメラオプション] → [被写界深度：オン] **❺** とします。背景となるレイヤーの [位置] のZ軸とキャラクターやテキストの [位置] のZ軸が大きく異なることで、[フォーカス距離] **❻** で手前のキャラクターにピントを合わせると背景がボケるようになります。

One Point ▶ 被写界深度を知ろう

被写界深度とはピントを合わせる範囲のことです。「被写界深度が深い」という言葉を耳にしたことがあると思いますが、これはより多くの範囲にピントが合ってる状態のことを指し、反対の「被写界深度が浅い」という言葉はピントが合っている範囲が狭いためボケが強く表れている状態となります。After Effects の場合は絞りの数値を上げることで、「被写界深度が浅い」状態を作り出し、ボケを強くすることができます。

---

② シーンごとにカメラを分ける

Lesson7で行ったように、画面が切り替わるごとにカメラレイヤーとヌルレイヤーを分割します。それぞれ [カメラ2] から [カメラ5]、[ヌル2] から [ヌル5] に名前を設定しておきます。

③ カメラワークを設定する

ヌルレイヤー［ヌル2］の切れ目で［位置：-590.0, -390.0, 300.0］❶、そこから5フレーム前のところで［位置：855.0, 480.0, 200.0］❷のキーフレームを打ち、ズームインのカメラワークを作ります。

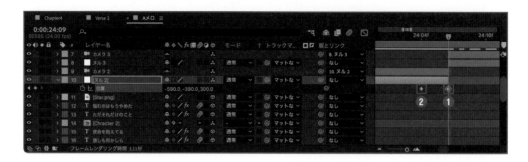

さらに、［位置］のキーフレームに合わせて［Z回転：0x+0.0°］❸と［Z回転：0x-6.0°］❹のキーフレームを打ちます。作成した［位置］と［Z回転］のキーフレームはイージーイーズを適用しておきます。

🖼️［グラフエディター］❺をクリックし、速度グラフを開きます。場面が切り替わるレイヤー最終フレームで変化の速度が最大になるようにキーフレームのハンドルを最大までドラッグ❻します。

続いて、ヌルレイヤー［ヌル3］を選択し、最初のフレームから10フレーム後に［位置］❼と［Z回転］❽のキーフレームを打って、トランジション後の画面を保存しておきます。また、［カメラ3］→［カメラオプション］→［カメラの被写界深度：オン］として、［フォーカス距離］を調整してキャラクターにピントを合わせます。

ヌルレイヤー［ヌル3］の先頭のフレームに戻って、［位置：1680.0, 1220.0, 300.0］❾、［Z回転：0x-6.0°］❿のキーフレームを打つことで、前のカメラの最後の動きを次のカメラの最初でも引き継ぐことで自然な場面転換のトランジションとなります。作成した［位置］と［Z回転］のキーフレームはイージーイーズを適用しておきます。

[グラフエディター] **⑪** をクリックし、速度グラフを開きます。今度は先頭フレームで変化の速度が最大になるようにキーフレームのハンドルを最大までドラッグ **⑫** します。

▲ 他のカメラの切り替えも同様の手順で［位置］と［回転］の設定を変えて作ってみましょう。

One Point ▶ カメラワークのアイディア

Lesson11 では代表例としてカメラ 2 からカメラ 3 への切り替えを解説していますが、同じ方法で残りのカメラの切り替えも作成することができます。完成ファイルを参考にキーフレームを打ってカメラワークを作ってみましょう。

▶反時計回りに回転しながらズームアップ

作例ではカメラ 3 からカメラ 4 の切り替えは、キャラクターがアップのカットから引きの画面へと転換しています。この場合でも手順 3 と同様に［位置の Z 軸］と［Z 回転］のアニメーションを設定します。キーフレームは［ヌル 3］→［位置の Z 軸：0.0 → 2480.0］、［Z 回転：0x+0°→ 0x+100°］、［ヌル 4］→［位置の Z 軸：-4664.0 → 112.0］、［Z 回転：0x-100°→ 0x+2.9°］として、グラフエディターで速度グラフを編集してカメラの境目で変化の速度最大としています。

▶時計回りに回転しながらズームダウン

反対にカメラ 4 からカメラ 5 の切り替えは、キャラクターが引きのカットからスケールダウンして一度消えて、画面外から登場するアップの画面へと転換しています。この動きのキーフレームは［ヌル 4］→［位置の Z 軸：419.0 → -3000.0］、［Z 回転：0x+2.9°→ 0x-38.0°］、［ヌル 5］→［位置の Z 軸：2000.0 → 300.0］、［Z 回転：0x+70.0°→ 0x+2.9°］として、グラフエディターで速度グラフを編集してカメラの境目で変化の速度最大としています。

📎 ブラインド 📎 トラックマット

写真風フレームを作る

Lesson **12**

シェイプを使って3D空間上にインスタント写真のようなフレームを準備し、トラックマットの特徴を生かして枠から飛び出る表現を作ります。

---- ||| ----

① 写真風フレームを作る

コンポジット［Pre Chorus］を開きます。新規
平面レイヤー［Photo1］❶、［カラー：#FFFFFF］
❷を作成してシェイプレイヤーレイヤー［Square］
の上に配置します。

レイヤー［Photo1］→ 🔲［3Dレイヤー：オン］❸としておきます。レイヤー［Photo1］の端をドラッグ❹することでサイズを変更できるので画像を嵌め込む大きさに合わせます。［現在の時間インジケーター］を動かしてカメラの画角を確認しながら、レイヤー［Photo1］の［位置］と［回転］を調整します。

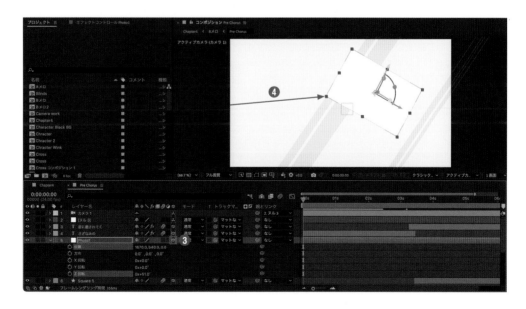

レイヤー［Photo1］を複製し、レイヤー
［Photo2］❺としてレイヤー［Photo1］の上に
重ねます。上に配置したレイヤー［Photo2］を
ドラッグ❻し、サイズ一回り小さくして、キャ
ラクターを入れる範囲を決めます。

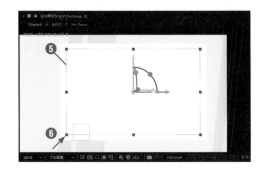

さらにレイヤー［Photo2］を複製し、レイヤー［Photo3］❼とします。

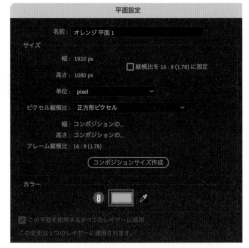

レイヤー［Photo2］を選択して、［平面設定］→
［カラー：#FFB500］❽に設定しなおします。

▲白、オレンジ、白の平面レイヤーの重なりを作ります。

一番上の白い平面レイヤー [Photo3] を選択し、[エフェクト＆プリセット] パネルから [ブラインド] ❾を検索して、ダブルクリックで適用します。[エフェクトコントロール] パネル→ [ブラインド] → [変換終了：50%]、[方向：0x+45.0°]、[幅100] ❿とします。レイヤー [Photo3] → [不透明度：50%] ⓫として写真の背景が完成です。

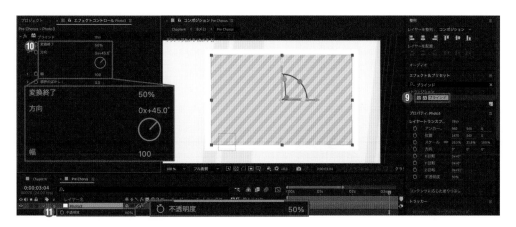

② キャラクターをはめ込む

コンポジション [Character] を挿入して、⬛[3D レイヤー：オン] ❶とします。手順1で作成した写真風フレーム上にバストアップで入るように [位置]、[スケール]、[回転] ❷を調整して配置します。

写真風フレーム背景の役割をしているレイヤー［Photo2］を複製してレイヤー［Photo4］❸とし、コンポジットレイヤー［Character］の上に配置します。コンポジットレイヤー［Character］→［トラックマット：Photo4］❹とすることで、写真風フレームの内枠内にのみ表示されるようになります。

さらに、レイヤー［Photo4］の［位置］❺を少しだけずらすことでキャラクターが写真の枠から飛び出たような表現を作ることができます。

▲ 3Dレイヤー上でドラッグして［位置］を変更する際には、各軸方向の矢印（3D変形ギズモ）をドラッグすると意図しない方向への移動を防ぐことができます。

③ 写真表示アニメーション

写真の登場のアニメーションを作成していきます。レイヤー [Photo1]、[Photo2]、[Photo3]、[Photo4] ❶を選択して、[00:10f] でスケールのキーフレーム❷を打ち、[00:00f] で [スケール：0.0, 0.0, 0.0%] ❸としてキーフレームを打ちます。これらのキーフレームは全てイージーイーズを適用します。

▲ ここではコンポジットレイヤー [Character] は選択しないようにしています。

■[グラフエディタ] ❹をクリックして速度グラフを開き、冒頭で変化の速度が速くなるように後ろ側のキーフレームのハンドルを最大までドラッグ❺します。

下に配置しているレイヤーほどキーフレームアニメーションが早く始まるように、キーフレームの間隔を維持したまま、それぞれ1フレームずつずらしたら完成です。

Lesson 13

✐ 減算

広がる波紋を作る

VFXやモーショングラフィックスでも使える波紋が広がるアニメーションを作成します。
作例中ではテキスト表示に合わせたアクセントとして使っています。

---

① 波紋の形を作る

新規平面レイヤー [Ripple] ❶、[幅：1080px,
高さ：1080px] ❷、[カラー：#FFFFFF] ❸を
作成します。

▲ 今回はカメラレイヤーの対象にはしないため、[3D レイヤー] はオフのままで進めます。

レイヤー [Ripple] を選択し、◯[楕円形シェイプツール] ❹をダブルクリックして円のマスクを作成します。[03:00f] で [スケール] のキーフレーム❺を打ち、続けて [00:00f] で [スケール:0.0, 0.0%]
のキーフレーム❻を打ちます。

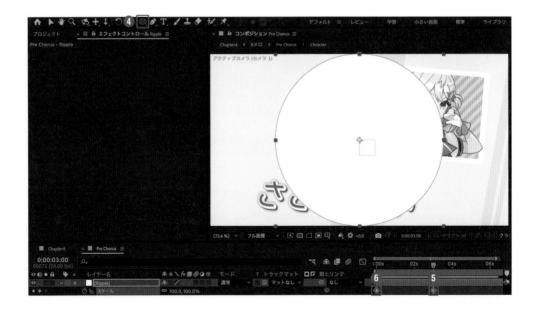

② 波紋の動きを作る

再び◯[楕円形シェイプツール] ❶をダブルクリックして、2つ目の円のマスクを作成します。[マスク2] → [描画モード：減算] ❷としておき、[03:00f] で [マスク2] → [マスクパス] のキーフレーム ❸を打ちます。

[00:05f] で [マスク2] をダブルクリックし、⌘（Ctrl）+ Shift キーを押しながらマスクを中心に向かって収縮させて [マスクパス] のキーフレーム ❹を打ちます。このキーフレームは [00:00f] へドラッグ ❺して移動させておきます。

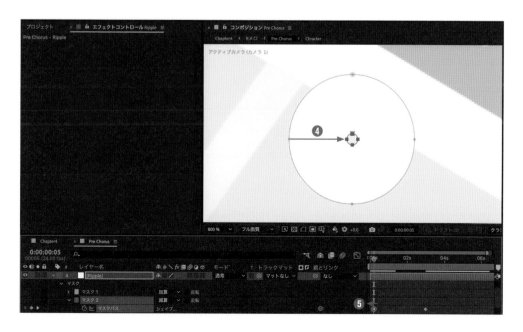

[マスクパス] と [スケール] のキーフレームを全て選択し、イージーイーズを適用します。■ [グラフエディター] ❻をクリックし、速度グラフを開いて [00:00f] の時に変化の速度が最大になるようにキーフレームのハンドルをドラッグ❼します。一気に [マスク1] が広がった後から [マスク2] が広がって、レイヤー [Pipple] が消えていく波紋のような動きができました。

❸ 波紋の質感を作る

[03:00f] で [マスク2] → [マスクの境界のぼかし：0.0, 0.0pixel] のキーフレーム❶を打ち、続けて [00:00f] で [マスクの境界のぼかし：100.0, 100.0pixel] のキーフレーム❷打ちます。波紋の中央をぼかすことでより波紋のような質感を生み出しました。

▲最後に作った波紋を画面の好きな場所に配置しましょう。作例では歌詞が登場する場所に中心を合わせました。

🔗 Firefly 　🔗 ブラー（カメラレンズ）　🔗 CC Particle World

Fireflyで背景画像を作る

Adobe社が提供している画像生成AIのサービスFireflyを活用して背景素材を作成します。さらに追加で編集を行うことでよりクオリティを高めます。

Adobe Fireflyを利用できない場合は手順1をスキップし、ダウンロードファイルファイルの画像 [Firefly image.jpg] を使って、手順2から進めて下さい。

1 Fireflyで背景を生成する

Adobe Fireflyは2024年2月現在、ブラウザ上で利用できるサービスです。毎月、Adobe アカウントに対して生成クレジットが与えられ、それを消費することでサービスを利用することができます。まずは（https://firefly.adobe.com/）へアクセスします。初めて利用する場合は、[ユーザーガイドライン] ❶をクリックして確認し、[同意する] ❷をクリックしてから利用する必要があります。

画面中央のテキストボックスに生成したい画像のプロンプトを入力します。ここでは [night, sky with stars, 4k] ❸と入力して [生成] ❹をクリックします。

［テキストから画像生成］のページでは、様々な条件を指定して画像を生成することができます。ここでは、［モデルバージョン：Firefly image 2］❺、［縦横比：ワイドスクリーン（16：9）］❻、［コンテンツタイプ：写真］❼を選択して［更新］❽をクリックしました。画像上にマウスポインタを合わせると、メニューが表示されるので［ダウンロード］❾をクリックして保存します。

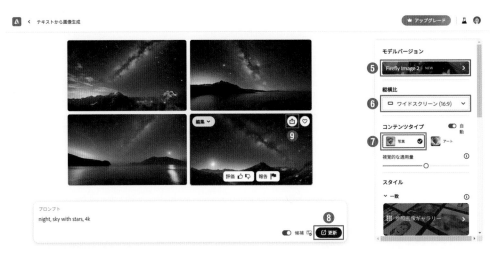

▲メニューの［編集］をクリックすると、生成した画像に対してより細かな編集を加えることができます。ただし、利用には生成クレジットが必要となるため注意しながら利用してみると良いでしょう。

プロンプト

プロンプトとは、AIへ入力する指示や質問のことを指し、入力内容によってAIが生成するアウトプットが変わってきます。様々な分野で生成AIの活用が広がり、使用するAIの傾向を調べてプロンプトの開発を行うプロンプトエンジニアリングと呼ばれる研究活動も生まれてきています。

---

② ブラー（カメラレンズ）を追加する

手順1で作成した背景画像をアフターエフェクトに挿入し、レイヤー［Firefly image］とします。📷［3Dレイヤー］❶をオンにして、［位置：固定, 固定, 2000.0］、［スケール：360.0, 360.0%］❷程度としてカメラが移動しても背景として映るように配置します。

遠い星空の背景がはっきり見えたままだと、歌詞やキャラクターが目立ちにくくなるのでエフェクトでレンズのボケ感を作ります。[エフェクト＆プリセット] パネルから [ブラー（カメラレンズ）] を検索して、ダブルクリックで適用します。[エフェクトコントロール] パネル→[ブラーの半径：18.0] ④ とします。

3 瞬く星屑を作る

新規平面レイヤー [Particle] ❶、[カラー：#FFFFFF] ❷ を作成します。

[エフェクト＆プリセット] パネルから、[CC Particle World] ❸ を検索して、ダブルクリックで適用します。

［エフェクトコントロール］パネル→［Birth Rate：1.0］、［Longevity：3.00］ ❹、［Particle］ →［Particle Type：Star］、［Birth Size：0.100］、［Death Size：0.010］、［Size Variation：100.0%］、［ Max Opacity：100.0%］、［Birth Color：#FFFFFF］、［Death Color：#FFFFFF］ ❺ として、パーティクルの形を星型に設定します。

▲［CC Particle World］は［CC Particle Systems II］と違い、3D空間上にパーティクルを配置することができるエフェクトです。詳しくはChapter5で解説します。

さらに画面を見ながら調整を行い、［Producer］→［Radius X：3.000］、［Radius Y：3.000］、［Radius Z：3.000］ ❻、［Physics］→［Velocity：0.00］、［Gravity：-0.010］ ❼ としておきました。

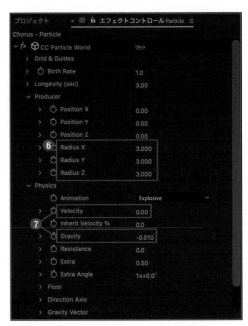

▲各パラメーターを変化させて、是非自分で好みのパーティクル設定を作ってみて下さい。

🖉 パスのトリミング　🖉 リピーター　🖉 タービュレントディスプレイス

Lesson 15

ストロークモーショングラフィックスを作る

Lesson8 のストロークアニメーションを応用した、はじける線と流れる線のモーショングラフィックスを作っていきます。

① まっすぐな線を作る

［コンポジション］パネル→ 🔳［グリッドとガイドのオプションを選択］→［タイトル/アクションセーフ］をオンにして画面にアクションセーフを表示させます。全ての選択を解除して、🖋［ペンツール］❶を選択し、［塗り：なし］、［線：#FFFFFF, 10px］❷とします。画面中央をクリックして点を打ち、そのまま Shift キーを押しながら真上でもう一回クリックして１本の線を引きシェイプレイヤー［Line1］❸とします。

② パスのトリミングを設定する

シェイプレイヤー [Line1] → [コンテンツ] → ▶ [追加] のメニューから、[パスのトリミング] ❶ を
クリックして追加します。[11:21f] で [シェイプ1] → [パスのトリミング1] → [開始点：0.0%]、
[終了点：0.0%] ❷ のキーフレームを打ちます。

▲ 線のシェイプが背景で見にくいときは、[ソロレイヤー] をオンにして作業しましょう。

[12:07f] で [開始点：100.0%]、[終了点：100.0%] ❸ として、レイヤー [Line1] を [11:21f] か
ら [12:07f] の範囲でカット ❹ します。[開始点] と [終了点] のキーフレームを全て選択して、イー
ジーイーズを適用します。

▣ [グラフエディタ] ❺ をクリックし、速度グラフを開きます。[終了点] ❻ は冒頭、[開始点] ❼ は
最後に変化の速度が速くなるようにそれぞれのキーフレームのハンドルをドラッグします。画面中央
の最初に打った点から上に打った点に伸びるストロークアニメーションができました。

▲ 作例では作風に合わせて、[シェイプ1] → [線1] → [線端：丸型] として丸みのある線にしました。

3 リピーターで複製する

シェイプレイヤー［Line1］→［コンテンツ］→ ▶［追加］のメニューから、［リピーター］❶ をクリックして追加します。［リピーター1］→［コピー数：12.0］❷、［トランスフォーム：リピーター1］→［位置：0.0, 0.0］❸、［回転：0x＋30.0°］❹ として、ストロークアニメーションを複製し、一定の角度と間隔で並べます。このシェイプをテキストの下に配置 ❺ して、ポップなテキストアニメーションとして利用します。

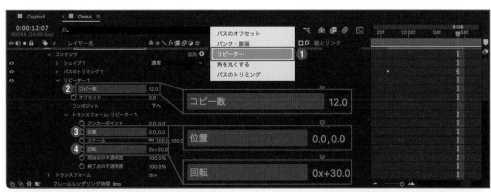

▲［Line1］は文字に合わせて［位置］、［スケール］、［回転］を調整しましょう。

One Point ▶ リピーターを調整しよう

［トランスフォーム：リピーター］は複製したときの位置間隔、［コピー数］は複製の数、［回転］は複製の角度が変更できます。今回はこれらを組み合わせて、最初に打った点を中心に 12 本の線が円 1 周分並ぶようにしました。設定のルールを知ることで、複製の細かさや並べ方を自分で好きなようにコントロールしてみましょう。

---

④ 流れる線を作る

全ての選択を解除して、🖊[ペンツール] ❶を選択し、［塗り：なし］、［線：#FFFFFF, 10px］❷と
します。流れる線を作りたいフレームに移動し、テキストの後ろに配置する線を描いて、シェイプレ
イヤー［Line2］❸とします。

手順2と同様の方法で今回は🔘［追加］のメニューから［パスのトリミング］をクリックし、レイヤー
［Line2］→［シェイプ1］→［パスのトリミング1］に［終了点：100.0%］のキーフレーム❹を打ち、
線のアニメーションを始めたいフレームで［終了点：0.0%］のキーフレーム❺を打ってアニメーショ
ンを作ります。

▲ここでは線を残しておきたいので常に［開始点：0.0%］のままにしておきます。

5 タービュレントディスプレイスを適用する

レイヤー [Line2] を選択し、[エフェクト＆プリセット] パネルから [タービュレントディスプレイ
ス] ①を検索して、ダブルクリックで適用します。手順4で [終了点：0.0%] のキーフレームを打っ
たフレームで [エフェクトコントロール] パネル→ [タービュレントディスプレイス] → [量：50.0]、
[サイズ：100.0] ②としてのキーフレームを打ちます。

続いて、手順4で [終了点：100.0%] のキーフレームを打ったフレームで [タービュレントディス
プレイス] → [量：100.0]、[サイズ：150.0] のキーフレーム③を打ちます。レイヤー [Line2] は
歌詞やキャラクターに被らないようにレイヤー [Line1] の下に移動させておきます。流れ線が登場す
るアニメーションの完成です。

▲線を複製し、形を変えてキーフレームの間隔を調整すれば、他のシーンにも簡単に使いまわすことができます。

🔗 リニアワイプ　🔗 光彩(外側)　🔗 境界線　🔗 ドロップシャドウ　🔗 CC Ball Action

テキスト表示を工夫する

ここではこれまでと異なる形のテキストの作り方を2つ紹介します。どちらも描画モードの設定を活用しています。

① テキストを反転させる

🅣 [横書き文字ツール] ❶ を選択し、[カラー：#FFFFFF] でテキストを作成してテキストレイヤー [歌詞10] ❷ とします。レイヤー [歌詞10] → 🔳 [3Dレイヤー：オン] ❸、[描画モード：除外] ❹ とします。

▲ [描画モード：除外] はRGBの値が反転する特徴のある描画モードの1つです。アクセントとして使うのに効果的です。

② シェイプを表示する

さらに■［長方形ツール］❶でテキストよりも少し大きな長方形を作成し、シェイプレイヤー［ザブトン］❷とします。レイヤー［ザブトン］を選択し、［エフェクト＆プリセット］パネルから［リニアワイプ］❸を検索して、ダブルクリックで適用します。［エフェクトコントロール］パネル→［リニアワイプ］→［ワイプ角度：0x+270.0°］❹として、レイヤー［ザブトン］を登場させるフレームで［変換終了：100%］❺、そこから20フレーム後に［変換終了：0%］❻のキーフレームを打つことで左からワイプで登場する動きを作ります。［交換終了］のキーフレームを選択し、イージーイーズを適用しておきます。

■［グラフエディタ］❼をクリックして、速度グラフを表示します。冒頭で変化の速度が速くなるようにキーフレームのハンドルをドラッグ❽します。

❸ 立体的なテキストにする

🅣 [横書き文字ツール] ❶を選択し、[カラー：#000000] でテキストを作成してテキストレイヤー [歌詞11] ❷とします。レイヤー [歌詞11] を選択し、[エフェクト＆プリセット] パネルから [グラデーション] ❸を検索して、ダブルクリックで適用します。[エフェクトコントロール] パネル→[グラデーション]→[グラデーションの開始：960.0, 415.0]、[開始色：#FF0F4A]、[グラデーションの終了：960.0, 660.0]、[終了色：#FDBECE] ❹とします。

▲ レイヤー [歌詞11] は [整列] パネルのボタンで中央に整列させておきましょう。

レイヤー [歌詞11] の右クリックのメニューから [レイヤースタイル]→[光彩（外側）] ❺をクリックして追加します。[レイヤースタイル]→[光彩（外側）]→[描画モード：通常]、[不透明度：100%]、[カラー：#000000]、[サイズ：30.0] ❻とします。

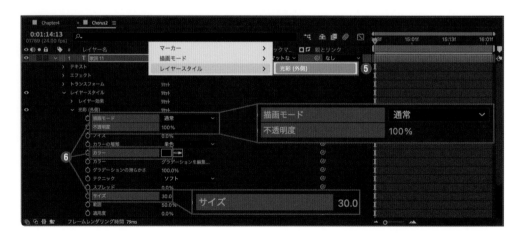

続いて右クリックのメニューから［レイヤースタイル］→［光彩（内側）］をクリックして追加します。
［レイヤースタイル］→［光彩（外側）］→［描画モード：乗算］、［不透明度：100%］、［カラー：
#000000］ ❼ とします。

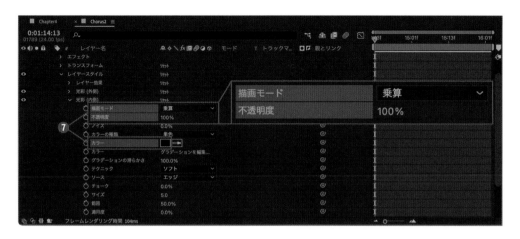

さらに右クリックのメニューから［レイヤースタイル］→［境界線］をクリックして追加します。［レ
イヤースタイル］→［境界線］→［カラー：#000000］、［サイズ：6.0］ ❽ とします。

［エフェクト＆プリセット］パネルから［ドロップシャドウ］ ❾ を検索して、ダブルクリックで適用し
ます。［エフェクトコントロール］パネル→［ドロップシャドウ］→［シャドウのカラー：#333333］、
［不透明度：100%］ ❿ として、2つほど複製して立体感を作っておきます。

④ ハーフトーンを加える

レイヤー［歌詞11］をプリコンポーズし、コンポジットレイヤー［歌詞11］を開きます。レイヤー
［歌詞11］を複製し、レイヤー［歌詞 Black］❶とします。レイヤー［歌詞 Black］を選択し、手順3
で追加したエフェクトとレイヤースタイルを全て削除❷します。

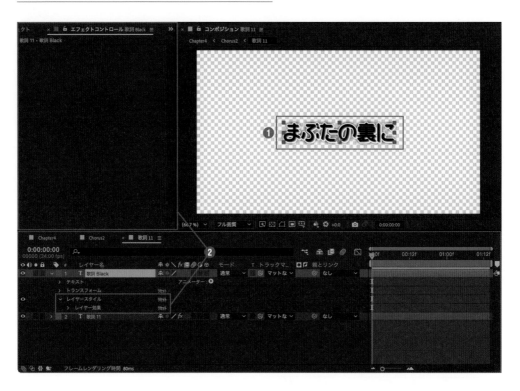

新規平面レイヤー［Dots］❸、［幅：1080px,
高さ：1080px］❹、［カラー：#000000］❺
を作成します。

レイヤー [Dots] を選択し、[エフェクト＆プリセット] パネルから [CC Ball Action] ❻を検索して、ダブルクリックで適用します。[エフェクトコントロール] パネル→ [CC Ball Action] → [Grid Spacing：7]、[Ball Size：30.0] ❼とします。レイヤー [Dots] → [描画モード：オーバーレイ] ❽、[トラックマット：歌詞 Black] ❾とすることで、テキスト部分のみにハーフトーンが追加されたテキストが完成です。

▲作成したテキストはアニメーションを設定して配置します。

🖉 CC Jaws　🖉 シルエットアルファ

シェイプトランジションを作る

平面を使って、長方形のトランジションと円のトランジションの2つを作成します。素材
がなくても作れるのでしっかりマスターしましょう。

---

① 上下から閉じる

コンポジション [シェイプトランジション] を開
きます。新規平面レイヤー [Shutter1] ❶、[カ
ラー：#A8EE64] ❷を作成します。

レイヤー [Shutter1] を選択して、[エフェクト&プリセット] パネルで [CC Jaws] ❸を検索し、ダ
ブルクリックで適用します。[エフェクトコントロール] パネル→ [CC Jaws] → [Hight：0.0%] ❹
とし、[00:00f] で [Completion：100%] ❺、[00:10f] で [Completion：0.0%] ❻のキーフ
レームを打つことで平面が上下に閉じるトランジションを作ることができます。[Completion] のキーフ
レームはイージーイーズを適用して動きを滑らかにしておきます。

▲ [Hight] はサメの歯のようなギザギザした角の高さを指定しています。

② 複製してカラフルにする

レイヤー [Shutter1] をいくつか複製し、それぞれ先頭を2フレームずつ後ろにずらして配置❶します。各レイヤーで [平面設定] を開き、それぞれ [カラー] を変えれば画面を閉じる動きが完成です。

▲ 作例ではキャラクターやテキストなどの画面内の色を抽出して使用しました。

③ 中央から広がる

今度は画面を開く動きを作ります。[現在の時間インジケーター] を画面が完全に閉じたフレームに移動し、全ての選択を解除しておきます。◯ [楕円形ツール] ❶を Shift キーを押しながらダブルクリックして円を作成して [シェイプレイヤー1] ❷とします。

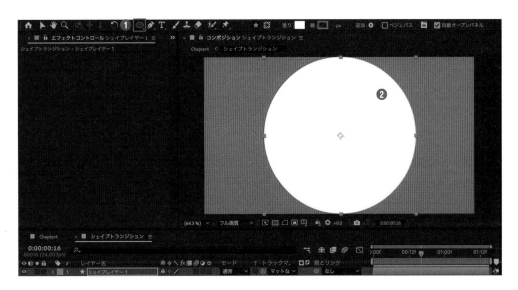

［シェイプレイヤー1］の先頭をカット❸しておき、［シェイプレイヤー1］→［コンテンツ楕円形1］
→［楕円形パス1］→［サイズ：0.0, 0.0］のキーフレーム❹を打ち、10フレーム後で画面いっぱいに
円が広がるように［サイズ］を上げてキーフレーム❺を打ちます。［サイズ］のキーフレームはイー
ジーイーズを適用しておきます。

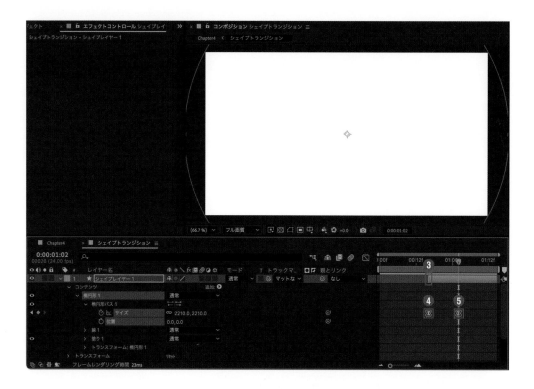

■［グラフエディタ］❻をクリックし、速度グラフを開きます。冒頭で変化の速度が大きくなるよう
に後ろ側のキーフレームのハンドルを最大までドラッグ❼します。

④ シルエットアルファで透過する

［シェイプレイヤー1］をいくつか複製し、それぞれ先頭を2フレームずつ後ろにずらして配置します。また各レイヤーでそれぞれシェイプの［カラー］を変えておきます。一番上に配置したレイヤーで［描画モード：シルエットアルファ］①とし、反転マットとして機能させることで次のシーンへと切り替わるトランジションが完成です。

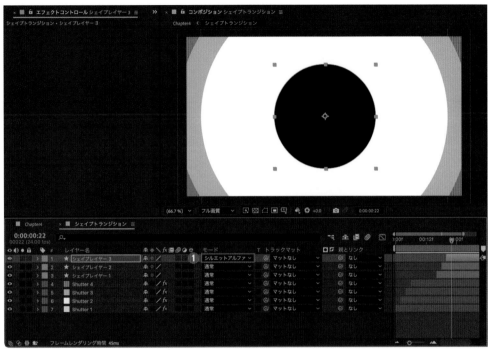

▲ 完成したら［コンポジションをワークエリアにトリム］でコンポジションの尺をトランジションの長さに合わせておきましょう。

One Point ▶ **キャラクターのシルエットを追加する**

作例ではアクセントとしてキャラクターのコンポジションを挿入し、エフェクト［塗り］→［カラー：#FFFFFF］としてシルエットにして組み込んでいます。キャラクターのシルエットは画面中央に配置し、［スケール］と［回転］のキーフレームアニメーションを設定して登場と退場の動きを作りました。さらにシルエットの周辺には円が広がるアニメーションを作成しています。手順3で作成したシェイプをさらにコピーして、

［線幅：300 → 0%］、［スケール：0.0 → 100.0%］になるようにキーフレームを打ち、グラフエディターを開いて速度グラフを編集し、冒頭で変化の速度を最大にしています。

ここでは Chapter4 の作例に使われている様々なテクニックについて、紹介しきれなかった部分を補足解説しています。ここまでの内容の応用でもあるので操作に自信がついてきたら是非再現にチャレンジしてみて下さい。

おしゃれなパターン背景を作ろう

背景を作成するコツとして平面レイヤーとシェイプのパターン複製を活用しましょう。また、カメラと一緒に動かしたい部分は ◉[3D レイヤー：オン] とし、一方で一番奥の平面レイヤーなど常に背景として映しておきたい部分は ◉[3D レイヤー：オフ] として使い分けることで様々なカメラワークに対応できる背景になります。基本的には本書籍で扱ってきた内容を活用していますが、それぞれの詳しい設定は完成ファイルを開いて、それぞれのレイヤープロパティを展開して確認してみて下さい。

▶コンポジション [Character Camera work] の背景

複数の円のシェイプは ◉[3D レイヤー：オン] とし、それぞれ [Z 位置] を変えて配置します。白い円に対しては、Lesson0 でも使用したエフェクト [ブラインド] を使ってストライプ柄にしました。さらに、背景のテキストは Chapter3 で使ったエフェクト [モーションタイル] で複製し、レイヤーの先頭と末尾に [タイルの中心] キーフレームを打ってテキストがゆっくりと動くようにしています。

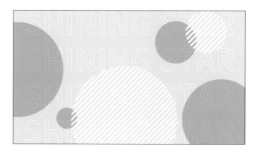

▶コンポジション [Pre Chorus 1] の背景

背景レイヤーよりも少し薄い色の平面レイヤーを重ねて、◉[3D レイヤー：オフ]、エフェクト [チェッカーボード] を適用しました。画面を横切る斜めの長方形シェイプは ◉[3D レイヤー：オン] としています。

▶コンポジション [Pre Chorus 2] の背景

✩[スターツール] で作成した星型シェイプに、[コンテンツの追加] → [リピーター] を適用し複製しています。[リピーター] → [トランスフォーム] → [位置] の縦軸をずらしてもう一度複製することで、シェイプの配置をずらしました。また、シェイプは [回転] →エクスプレッション [time*50] として回転させます。前面に配置した小さなドットは [楕円形ツール] で作成し、こちらも [リピーター] で複製します。馴染ませるためにエフェクト [アイリスワイプ] の適用と [描画モード：オーバーレイ] として調整しました。

▶ コンポジション [Chorus 2] の背景 A

Lesson9 で作成したシェイプ [Cross] を [コンテンツの追加] → [リピーター] で複製します。ここでは [リピーター] → [オフセット]、[トランスフォーム] → [位置] を変えてもう一度複製しています。また、片方の [リピーター] のみに [回転] → エクスプレッション [time*10] としました。

▶ コンポジション [Chorus 2] の背景 B

コンポジション [Pre Chorus 2] の背景と同様の方法で星型シェイプを作成して複製します。さらにエフェクト [ポスタリゼーション時間] → [フレームレート：3] とし、1 秒間に 3 フレームしか表示されなくなるので、カクカクとしたストップモーションのような動きとしました。手書き風の白い枠は塗りなしの長方形シェイプを作成し、エフェクト [ラフエッジ] を適用して作成しています。

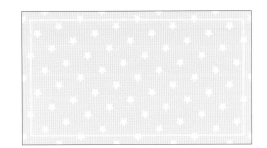

カメラのフォーカスを常に合わせる

カメラが動いても常に被写体にフォーカスを自動で合わせる方法もあります。カメラレイヤーと被写体のレイヤーの 2 つを選択した状態で、右クリックのメニューから、[カメラ] → [フォーカス距離をレイヤーへリンク] をクリックするとカメラのピントが選択したレイヤーに設定されます。

サビに合わせて演出を変える

コンポジション [Pre Chorus 2] では、サビに向かっていく音楽の盛り上がりに合わせて、カメラワークもスピードを上げています。ここではヌルとカメラのレイヤーはカットせずに [位置] と [Z 回転] に連続でキーフレームを作る方法でカメラワークを作成しました。さらにテキストは Lesson10 のテキスト表示に複数のエフェクト [ドロップシャドウ] を加えて見た目を調整しつつ、エフェクト [CC Light Burst2.5] → [Ray Length] のキーフレームを打って、光りながら登場するようにしています。

▲エフェクトの調整は *fx* をクリックしてオンオフを切り替えながら進めると良いでしょう。

画面をにぎやかにする工夫

ここでは [長方形シェイプ] に [リピーター] を使ったパターン背景を作成していますが、位置の Z 軸をそれぞれずらして配置することでカメラが遠ざかる動きをした際に立体的に見えるようにしています。また、キャラクターのコンポジションを複製し、ここではまわりのシェイプに合わせて長方形にマスクを切っておきました。エフェクト [トライトーン] を適用して色をセピアに変更し、さらにエフェクト [線] を適用してフレームを作成して、こちらも同様に [Z 位置] をずらして配置しています。基本的にはシェイプの形やキャラクターの種類は、あまり増やし過ぎずに複製して利用することで統一感を保ったままで画面を活気づけることができます。

レンズボケのフレーム

調整レイヤーにエフェクト［ブラー（カメラレンズ）］を適用し、マスクを切ってフレームを作ります。これは画面の上下にボケを加えて風景をジオラマ風に見せる、チルトシフトと呼ばれる撮影方法の特徴を再現していますが、ここではフレームとして使ってドリーミーな雰囲気を表現しています。

モーションタイルで映写機のような動きを作る

最後のカットではコンポジション［Chorus 1］を複製し、エフェクト［モーションタイル］→［出力幅：300.0］、［出力高さ：1000.0］として、画面上をスライドさせる場面作ります。今回の場合は［スケール：40.0, 40.0%］、［回転：0x+20°］として画面上に並べて、［タイルの中心］のX軸を［880.0 → -1890.0］と変化させるキーフレームを打っておくことでタイル全体を移動させています。また、［フェーズ］にエクスプレッション［time*100］を追加し、タイルの動きが交互に逆方向に動くようにしています。画面全体の調整としては、調整レイヤーにエフェクト［トライトーン］を適用し色を少しセピアに近づけ、さらにLesson1で作成したエフェクト［ノイズ］と［CC Vignette］を適用した調整レイヤーを複製しておき、ノイズ表現を加えて画面を暗くしています。外側の枠は平面レイヤーとマスクで作成しました。

ミュージックビデオを完成させよう

Chapter4 で作成した各コンポジションは、最終的にコンポジション [Chapter4] に並べることで 1 つの楽曲に合わせたミュージックビデオアニメーションが完成します。完成ファイルを参考に楽曲を聞きながら自分好みの調整を行ってみて下さい。

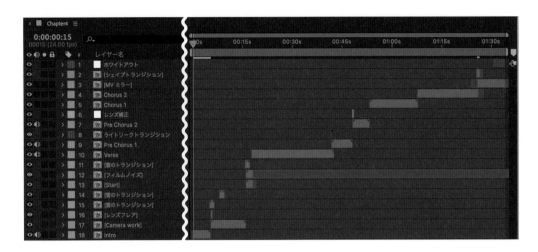

▶主なコンポジションの開始フレームの目安

完成ファイルでのコンポジション名	作例での開始フレーム
Intro	00:00:18
Camera work	00:06:08
Start	00:16:14
Verse	00:18:04
Pre Chorus 1	00:42:10
Pre Chorus 2	00:48:22
Chorus 1	00:53:21
Chorus 2	01:08:12
MVミラー	01:26:14

ビデオエフェクトで魅せる

この章ではビデオブログを作成していきます。様々な種類の動画素材をベースに
トランジションやパーティクルなどのテクニックを駆使して、
多彩な表現を作ることにチャレンジしてみましょう。

しきい値 レベル補正 高速ボックスブラー

オブジェクトを光らせる

画面の中に映っている物を光らせてファンタジー世界のような表現をつくります。ここではもともとの明るさを考慮してエフェクトを適用していきます。

1 しきい値を適用する

[Chapter5-1.ape] ファイルを開き、[タイムライン] パネルでレイヤー [Clip5-1.mp4] を選択して複製❶します。タイムライン上で上に位置している方のレイヤー [Clip5-1.mp4] ❶を選択し、[エフェクト＆プリセット] パネルから [しきい値] ❷を検索して、ダブルクリックで適用します。

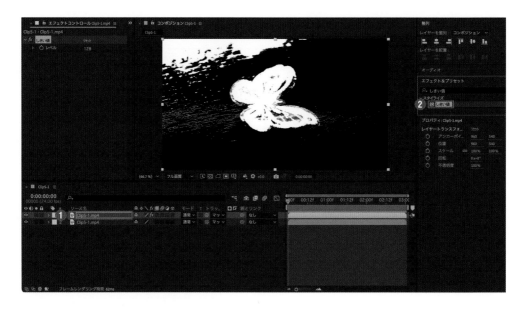

明るさのレベルがある一定の値（しきい値）を超えたピクセルは白❸で表現され、それよりも暗いピクセルは黒❹で表示されるようになります。

▲ [しきい値] の調整は手順2で [レベル補正] のエフェクトと一緒に行います。

2 レベル補正で明るさを調整する

続けて手順1で［しきい値］を適用したレイヤー
に、［エフェクト＆プリセット］パネルから［レ
ベル補正］❶を検索して、ダブルクリックで適
用します。［レベル補正］は表示する明るさを調
整できる機能です。

ここでは、蝶の白い部分がしっかり表示される
ように、プロジェクトパネルの画面表示を見な
がら、［エフェクトコントロール］パネル→［レ
ベル補正］→［黒入力レベル：118.0］❷、［白
入力レベル：255.0］❸、さらに［しきい値］→
［レベル：21］❹としました。

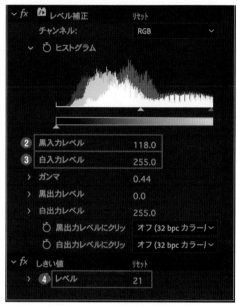

▲［しきい値］のエフェクトの表示をオフにすると、実際
に映像を見て明るさを調整できます。

3 レベルにキーフレームを追加する

明るい状態のキーフレームを作ります。［現在の
時間インジケーター］を［02:00f］に移動し、
［エフェクトコントロール］パネル→［しきい値］
→［レベル］→ ⏱［ストップウォッチ］❶をク
リックしてキーフレームを打ちます。

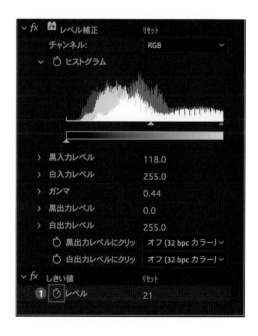

次に真っ暗な状態のキーフレームを作ります。[現在の時間インジケーター] を [01:00f] に移動❷し、[エフェクトコントロール] パネル→ [しきい値] → [レベル：230] ❸としてキーフレームを打ちます。

▲これで1秒間かけて白い蝶が現れるアニメーションができました。

4 マスクで範囲を指定する

[現在の時間インジケーター] を [02:00f] に移動❶します。このままでは、机が光を反射している部分も白く表示されるので、🖊[ペンツール] ❷を使って蝶の形に合わせてマスク❸を切ります。

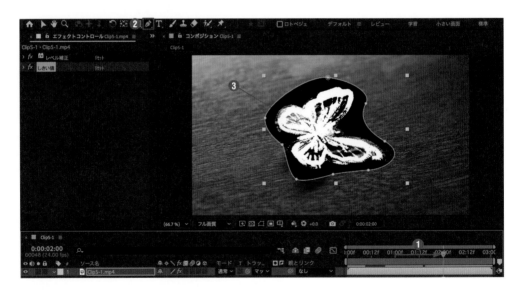

5 描画モードを変更して合成する

ここまで編集してきたレイヤー [Clip5-1.mp4] を [描画モード：加算] ❶として、蝶が光り出すアニメーションにします。

　　▲光らせるには [モード：スクリーン] などの明るさで合成するモードも使用できます。

6 高速ボックスブラーで光らせていく

さらに、ここまで編集してきたレイヤー［Clip5-1.mp4］を選択し、［エフェクト＆プリセット］パネルから［高速ボックスブラー］❶を検索して、ダブルクリックで適用します。［エフェクトコントロール］パネル→［ブラーの半径：50.0］❷程度にして光をぼやかしておきます。

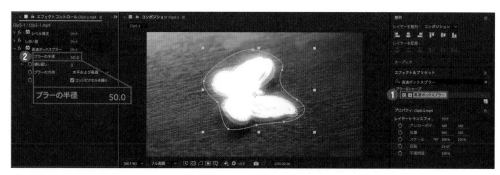

▲光の量を増やす場合は［しきい値］→［レベル］の数値を上げることでも調整できます。

7 光の放出を加える

新規調整レイヤー1 ❶を作成し、エフェクト＆プリセットパネルから［CC Light Rays］❷を検索して、ダブルクリックで適用します。［CC Light Rays］は［Center］❸から光を放出するエフェクトなので、［エフェクトコントロール］パネル→［CC Light Rays］→［Center：930.0, 520.0］❸として蝶の中央に［Center］を配置しておきます。

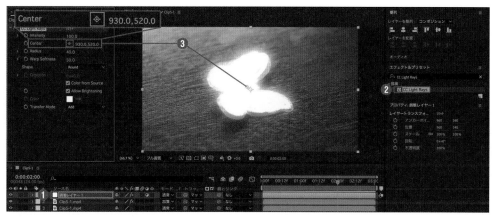

▲［Center］は［選択ツール］や［アンカーポイントツール］でも移動できます。

[Intensity] → ⏱[ストップウォッチ] ④をクリックしてキーフレームを打ちます。手順6までで編集してきたレイヤー [Clip5-1.mp4] の [しきい値] → [レベル] のキーフレームの位置に合わせて、キーフレーム [Intensity：0.0] ⑤とキーフレーム [Intensity：300.0] ⑥を設定することで、光が徐々に放出されるアニメーションができました。

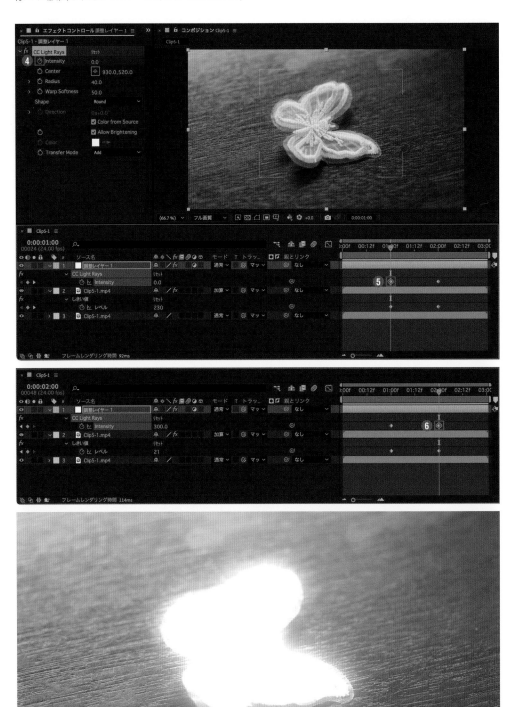

🔗 Illustrator ファイルの読み込み　🔗 3D レイヤー　🔗 コラップストランスフォーム

Lesson 2

Illustrator ファイルを３Ｄ化する

レイヤー分けされた Illustrator ファイル（拡張子：.ai）を読み込み、動きを付けてアニメーションを作る方法を解説します。

① Illustrator ファイルを読み込む

[Chapter5-2.aep] を開きます。メニューバーの [ファイル] のメニューから、[読み込み] →
[ファイル] ❶ をクリックして、ダウンロードファイル [Chapter5-2] → [Butterfly.ai] を選択します。

[Butterfly.ai] の読み込みダイアログが開くので、[読み込みの種類：コンポジション] ❷ として [OK]
❸ をクリックしてコンポジション [Butterfly] を作成します。コンポジション内は Illustrator ファイル３つのレイヤー構造がそのまま格納されています。

② 中心となるアンカーポイントを決める

　[アンカーポイントツール] ❶ を選択して、メニューの [スナップ：オン] ❷ にしておきます。レイヤー [Right] とレイヤー [Left] のアンカーポイントを、レイヤー [Body] のアンカーポイントに重なるようドラッグ❸❹して移動します。

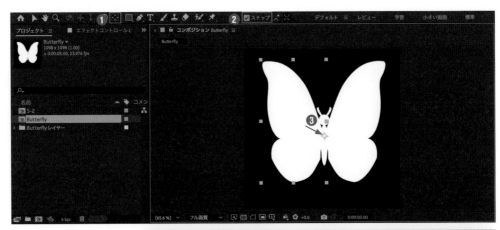

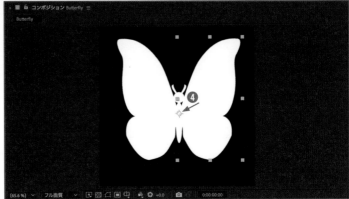

▲ここで蝶が羽ばたく動きを作る際の中心を設定しています。

③ 蝶を羽ばたかせる

3つのレイヤーを全て選択して、　[3Dレイヤー] ❶ をクリックしてオンにします。

［現在の時間インジケーター］を［00:00f］に移動❷し、レイヤー［Right］→［回転］→［Y回転：0x+45.0°］❸、レイヤー［Left］→［回転］→［Y回転：0x-45.0°］❹としてそれぞれ ⏱ ［ストップウォッチ］❺をクリックしてキーフレームを打ちます。

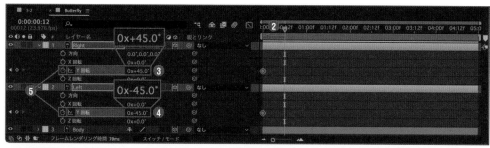

▲ ［Y回転］はアンカーポイントのY軸（縦軸）を中心にして回転します。

［現在の時間インジケーター］を［00:12f］に移動❻し、今度は逆の動きを作るため、レイヤー［Right］→［回転］→［Y回転：0x-45.0°］❼、レイヤー［Left］→［回転］→［Y回転：0x+45.0°］❽としてキーフレームを打ちます。

同じく12フレーム間隔で［現在の時間インジケーター］を移動❾し、最初の［Y回転］キーフレームをそれぞれ複製❿することで蝶が羽ばたく動きができました。

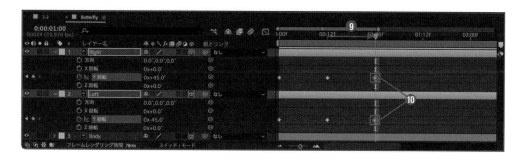

❹ 羽ばたきをループさせる

[タイムライン] パネルで [キーフレーム] を表示します。続けてレイヤー [Right] → [Y回転]
→ ⏱ [ストップウォッチ] ❶を Option (Alt) キー＋クリックしてエクスプレッションを表示します。

▶ [エクスプレッション言語メニュー] ❷をクリックして、メニューから [Property] → [LoopOut
(type="cycle", numKeyframes=0)] ❸をクリックして設定します。

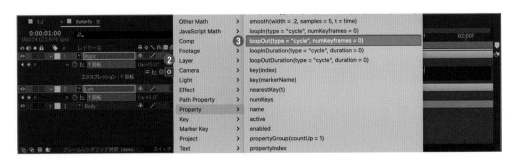

この設定は、打ったキーフレームが終わった際に最初に戻って再び繰り返すループのキーフレームで
す。同様の方法でレイヤー [Left] → [Y回転] にも [LoopOut] のエクスプレッションを追加❹する
ことで蝶が自動的に羽ばたくアニメーションができました。

5 自然な動きにする

蝶の羽ばたきが自然な動きになるように、全てのキーフレームを選択してイージーイーズを適用❶します。さらにキーフレームを全て選択した状態で Option （ Alt ）キーを押しながらキーフレームをドラッグ❷して、比率を維持したままキーフレームの間隔を変更することができます。ここでは12フレームで1回の羽ばたきが完結するようにしました。

6 3Dレイヤーとして扱う

コンポジション [Chapter5-2] を開きます。[プロジェクト] パネルからコンポジション [Butterfly] をドラッグ＆ドロップ❶して挿入します。 [3Dレイヤー：オン] ❷、 [コラップストランスフォーム：オン] ❸とします。

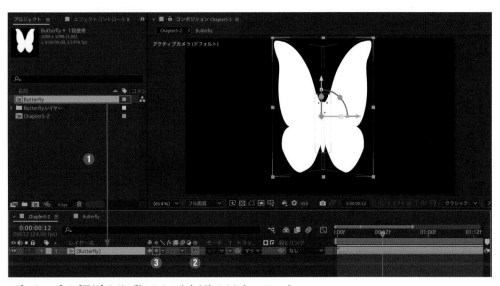

▲ [スケール] や [回転] などで動かしたい方向を決めると良いでしょう。

One Point **3Dレイヤーとコラップトランスフォームの違い**

[3Dレイヤー]をオンにしただけでは三方向に回転できる平面レイヤーの状態です。ここで [コラップストランスフォーム] をオンにすることで、コンポジション内の 3D レイヤーの情報を反映させて立体的に扱えるようになります。[3Dレイヤー] アイコンも から へと変化しているのが分かります。

ここではコンポジットレイヤー [Butterfly] → [X回転：0x-85.0°] ❶、[Z回転：0x+95.0°] ❷と
し、蝶の羽ばたきを横から見えるようにしました。また、[スケール：20.0, 20.0, 20.0%] ❸として
います。

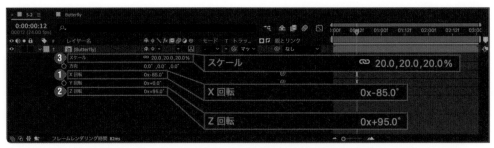

▲ [回転] は90°から5°ずらして横から見ても奥の羽の動きが見えるようにしています。

❼ グローで光らせる

レイヤー [Butterfly] を選択し、[エフェクト＆
プリセット] パネルで [グロー] のエフェクトを
検索して、ダブルクリックで適用します。[エ
フェクトコントロール] パネル→ [グローしきい
値：0.0%] ❶とします。

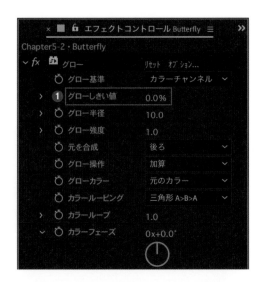

[エフェクトコントロール] パネル→ [グロー]
を複製し、複製した [グロー2] → [グロー半
径：50.0] ❷として、蝶をぼんやりとやさしく
光らせることができました。

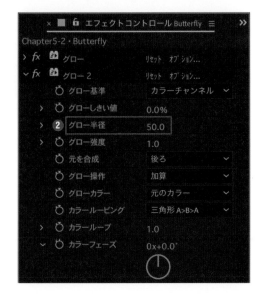

✐ CC Particle World

Lesson 3 追従するパーティクルを作る

3Dで作成したオブジェクトに対して追従するパーティクルのエフェクトを作り、それら
をヌルオブジェクトにリンクさせて、まとめてアニメーションを設定していきます。

① ヌルオブジェクトを作成する

コンポジットレイヤー [Butterfly] の上に、ヌ
ルオブジェクトを作成します。メニューバーの
[レイヤー] メニューから [新規] → [ヌルオブ
ジェクト] ❶をクリックします。

ヌルオブジェクトは名前を [Position] ❷とし、⬚ [3Dレイヤー] ❸をオンにします。さらにレイ
ヤー [Butterfly] → [親とリンク：Position] ❹として、ヌルオブジェクト [Position] を編集するこ
とで蝶の動きと、このLessonで作るパーティクルの動きを同時にコントロールしていきます。

② CC Particle Worldを作成する

新規平面レイヤーを作成し、[名前：Particle]
❶、[カラー：#FFFFFF] ❷とします。

作成したレイヤー［Particle］❸を選択し、［エフェクト＆プリセット］パネルから［CC Particle World］❹を検索して、ダブルクリックで適用します。３D空間に対応したパーティクルが追加されます。

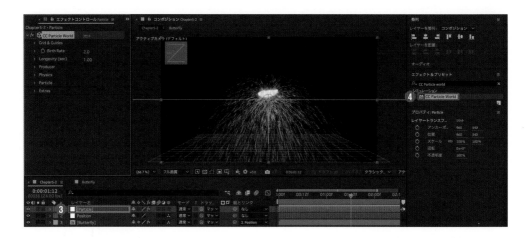

❸ Particleを調整する

［エフェクトコントロール］パネル→［CC Particle World］→［Particle］を展開します。今回は［Particle Type：Lens Convex］❶として丸い形に変更します。さらに、始まりの大きさ［Birth Size：0.030］、終わりの大きさ［Death Size：0.000］、サイズの多様度［Size Variation：100.0%］、不透明度の最大値［Max Opacity：100.0%］❷としました。

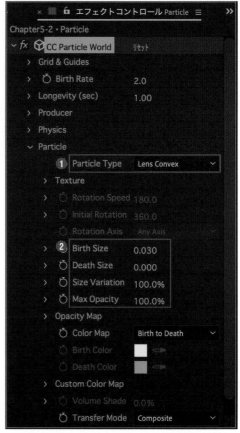

▲［CC Particle World］の設定はいろいろ試して好きな値にしてください。

④ Physicsを調整する

続けて [Physics] を展開し、速度 [Velocity：
0.00]、親オブジェクトの動きから継承する速
度の割合 [Inherited Velocity %：0.01]、重力
[Gravity：0.010] ❶とします。[Physics] で
はパーティクルの物理設定が行えます。

⑤ パーティクルをヌルに追随させる

続けて [Producer] を展開し、[Position X, Y,
Z] ❶の動きをエクスプレッションで設定しま
す。ここでは先ほど作ったヌル [Position] にリ
ンクさせます。

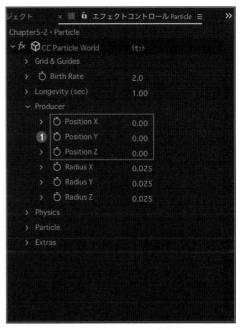

▲ [エフェクトコントロール] パネルで◉[ストップウォッ
チ] を [Option] ([Alt])＋クリックでもエクスプレッションを
開けます。

それぞれのエクスプレッションを開いて、以下の通り入力します。

▶ [Position X]

(thisComp.layer("Position").position [0] -thisComp.width/2)/thisComp.width

```
1    (thisComp.layer("Position").position[0]-thisComp.width/2)/thisComp.width
```

▶ [Position Y]

(thisComp.layer("Position").position [1] -thisComp.height/2)/thisComp.width

```
1    (thisComp.layer("Position").position[1]-thisComp.height/2)/thisComp.width
```

▶ [Position Z]

thisComp.layer("Position").position [2] /thisComp.width

```
1    thisComp.layer("Position").position[2]/thisComp.width
```

これでヌルオブジェクト [Position] の [位置] にキーフレームを打って動かすことでパーティクルと蝶のレイヤーの両方が動くようになります。

One Point エクスプレッションの意味を知ろう

今回使ったエクスプレッションを解説します。今回入力した内容は以下の様に分解することができ、それぞれ異なる役割を持っています。

表記	役割
thisComp.layer(" レイヤー名 ")	現在のコンポジション内のレイヤーを参照します。
.position [0]	そのレイヤーのX座標を取得します。
.position [1]	そのレイヤーのY座標を取得します。
.position [2]	そのレイヤーのZ座標を取得します。
thisComp.width	コンポジションの横幅を取得します。
thisComp.height	コンポジションの縦幅を取得します。
-	減算演算子です。
/	除算演算子です。

---

6 蝶とパーティクルを連動させる

次は蝶が羽ばたきながら画面を横切るアニメーションを作ります。[現在の時間インジケーター] を [00:00f] に移動❶し、レイヤー [Position] → [位置：-150.0, 800.0, 0.0] → ◯ [ストップウォッチ] ❷をクリックしてキーフレームを打ちます。

続けて、[現在の時間インジケーター] を [03:00f] に移動❸し、レイヤー [Position] → [位置：2070.0, 280.0, 0.0] ❹としてキーフレームを打ちます。コンポジションパネルの画面左下外から画面右上外への動きになりました。

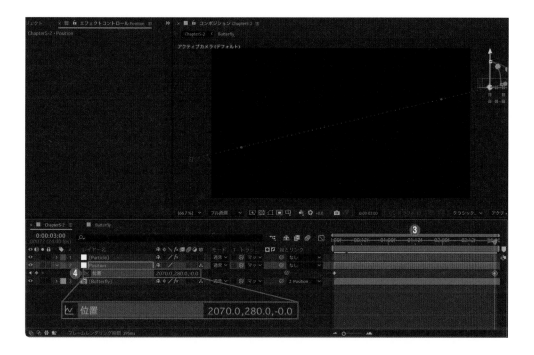

さらに、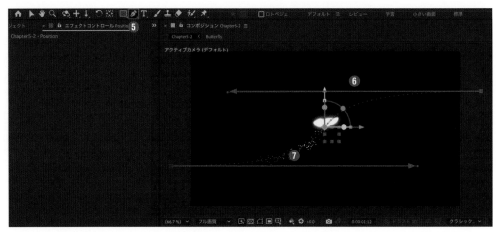[ペンツール] ❺を選択し、[コンポジション] パネルの画面上のレイヤー [Position] の
[位置] の両端のポイントをそれぞれ反対側にドラッグ❻❼します。[位置] の変化がベジェを用いた
緩やかなものに調整できます。より本物の蝶の羽ばたきのような動きのアニメーションができました。

▲ ポイントが重なってクリックしにくいときは [現在の時間インジケーター] を動かしましょう。

⑦ パーティクルの量と寿命を調整

レイヤー [Particle] ❶を選択し、[エフェクトコントロール] パネル→[Birth Rate：1.0]、
[Longevity：3.00] ❷とします。蝶の動きとそれに追従するパーティクルの動きが完成です。

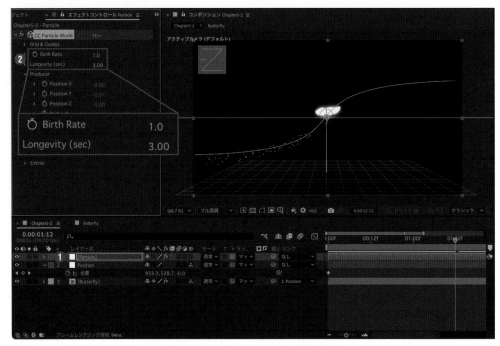

▲ [Birth Rate] でパーティクルの出現量、[Longevity] では表示される秒数を設定できます。

🔗カメラ 🔗線 🔗グラデーション

宇宙空間をワープする

宇宙のような空間を作ってその中をカメラが進んでいく動きを作っていきます。また、レイヤーの立体的な使い方を解説します。

① フラクタルノイズを適用する

ファイル [Chapter5-4.aep] を開きます。新規平面レイヤー [BG] ❶を作成します。ここでは [カラー：#FFFFFF] ❷としました。

レイヤー [BG] ❸を選択し、[エフェクト＆プリセット] パネルから [フラクタルノイズ] ❹を検索して、ダブルクリックで適用します。[エフェクトコントロール] パネル→ [フラクタルノイズ] → [フラクタルの種類：ダイナミック]、[ノイズの種類：ソフトリニア]、[反転：オン]、[コントラスト：50.0]、[明るさ：-50.0] ❺とします。

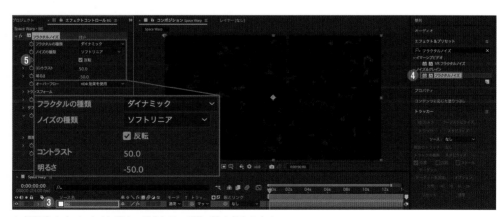

▲ [反転] をオンにすると明るい部分と暗い部分が入れ替わります。

2 展開を自動的に動かす

続けて、[展開] → ⏱[ストップウォッチ] を Option (Alt)＋クリックして、エクスプレッションを
追加します。ここでは [time*100] ❶ としておいて自動的に1秒間に100ずつ数値が上がるように
設定し、フラクタルノイズが動くようにします。

3 色を設定する

レイヤー [BG] を選択し、[エフェクト＆プリセット] パネルから [色かぶり補正] ❶ を検索して、ダブルクリックで適用します。ここでは [エフェクトコントロールパネル] → [色かぶり補正] → [ホワイトをマップ：#90532C]、[ブラックをマップ：#208020D] ❷ としました。

▲ [ホワイトをマップ] で明るい部分、[ブラックをマップ] で暗い部分の色を変更します。

4 CC Particle Worldで小さなパーティクルを広げる

星屑のような表現を空間に配置していきます。
新規平面レイヤー [World] ❶ を作成します。
ここでは [カラー：#FFFFFF] ❷ としました。

レイヤー［World］❸を選択し、［エフェクト＆プリセット］パネルから［CC Particle World］❹を検索して、ダブルクリックで適用します。［エフェクトコントロール］パネル→［Particle］→［Particle Type：Lens Convex］、［Birth Size 0.100］、［Death Size：0.100］、［Size Variation：100.0%］、［Max Opacity：100.0%］❺とします。

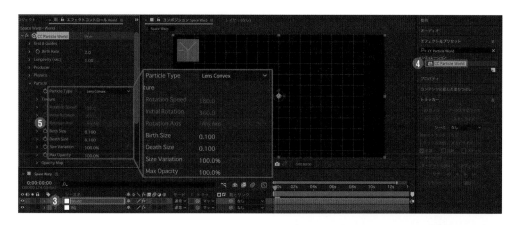

続けて、［Physics］ → ［Velocity：0.00］ ❻、［Gravity：0.000］❼とします。

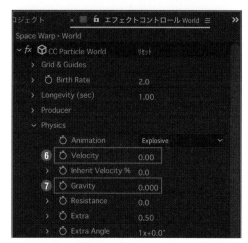

▲ ［Physics］は物理設定を行うことができ、［Velocity］が動きの速度、［Gravity］が重力です。

さらに、［Producer］ → ［Radius X：20.000］、［Radius Y：10.000］、［ Radius Z：20.000］❽とします。手順3で作成した宇宙空間の背景に星屑が瞬く表現ができました。

▲ ［Radius X, Y, Z］ではパーティクルが各軸の方向へ広がる半径を設定します。

⑤ カメラとヌルオブジェクトを作成する

⌘ (Ctrl) + Option (Alt) + Shift + C キー
を押して、カメラ設定ダイアログを開きます。
今回は [種類: ノードカメラ2] として [OK] ❶
をクリックし、[カメラ1] を作成します。

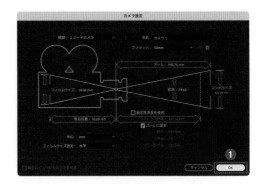

さらに新規ヌルオブジェクト [ヌル1] ❷を作成します。ヌルオブジェクト [ヌル1] → ❑ [3D レイ
ヤー] ❸をクリックしてオンにします。[カメラ1] → [親とリンク：ヌル1] ❹として、ヌルオブジェ
クトの操作でカメラを動かすことができるようにします。

⑥ 位置を動かして奥へ進む

[現在の時間インジケーター] を [00:00f] に移動❶し、ヌルオブジェクト [ヌル1] → [位置]
→ ⏱ [ストップウォッチ] ❷をクリックしてキーフレームを打ちます。

奥に移動する表現はカメラを画面の奥（Z軸）方向へ移動させることで作ります。［現在の時間インジケーター］を［15:00f］に移動❸し、［位置：固定, 固定, 30000.0］❹程度とします。空間に配置されたパーティクルの中をカメラが奥へと進むアニメーションができました。

▲ 数字の上で Shift を押しながらドラッグすると数値を一気に上げることができます。

さらにレイヤー［World］の❹［モーションブラー］❺をクリックしてオンにすることで、パーティクルにブラーが加わるためよりスピード感を表現できます。

▲ 今回は［カメラ1］と［ヌル1］は目印としてレイヤーのラベルをブラウンに変更しています。

❼ マスクパスから円を作成する

新規平面レイヤー［Ring］❶を作成します。ここでは［サイズ］→［幅：1080 px］、［高さ：1080px］❷、［カラー：#FFFFFF］❸として正方形を作成します。

レイヤー［Ring］**❹**を選択し、■［楕円形ツール］**❺**を選択して、ダブルクリックして円のマスクを作成します。

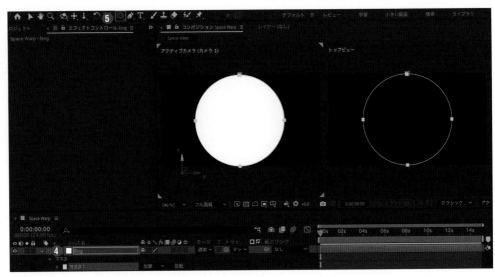

▲アイコンをダブルクリックするだけで簡単にマスクができました。

レイヤー［Ring］を選択し、［エフェクト＆プリセット］パネルから［線］**❻**を検索して、ダブルクリックで適用します。［エフェクトコントロール］パネル→［線］→［パス：マスク1］**❼**、［ペイントスタイル：透明］**❽**として、マスクパス上の線のみを表示させます。ここでは［ブラシのサイズ：20.0］**❾**としました。

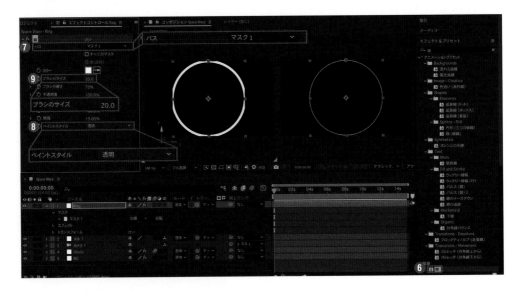

レイヤー［Ring］→ ⬛［3D レイヤー］❿、✴［コラップストランスフォーム］⓫をクリックしてオン
にします。回転させても立体的に表示される円を作ることができます。

8 グローとグラデーションを設定する

レイヤー［Ring］を選択し、［エフェクト＆プリセット］パネルから［グロー］❶を検索して、ダブル
クリックで適用します。［エフェクトコントロール］パネル→［グロー］→［グローしきい値：0.0%］
❷とします。

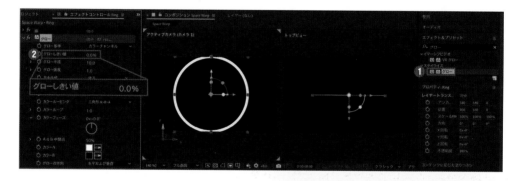

続けて、エフェクト［グロー］を複製し、［グ
ロー2］→［グロー半径：30.0］❸としました。

［エフェクト＆プリセット］パネルから［グラデーション］**④**を検索して、ダブルクリックで適用します。ここでは［エフェクトコントロール］パネル→［グラデーション］→［グラデーションの開始：960.0, 540.0］、［開始色：#4031FF］、［グラデーションの終了：1780.0, 540］、［終了色：#25D7DA］、［グラデーションのシェイプ：放射状］**⑤**としました。

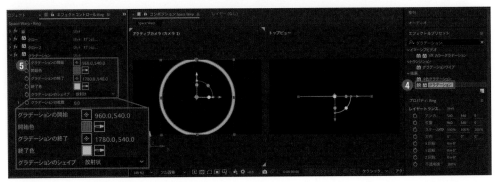

▲ グラデーションは画面上の開始から終了の座標に向けて作られており、カメラが動くことで白いリングの画面上の座標が変わることで色の変化が生まれます。

⑨ エクスプレッションで複製する

レイヤー［Ring］→［位置］→ ⏱［ストップウォッチ］**①** を Option（Alt）キー＋クリックしてエクスプレッションを追加します。［[ ]］**②**と入力し、カーソルを [] 内に合わせた状態にします。

▶［エクスプレッションピックウイップ］**③**を［位置］のX軸にドラッグ＆ドロップ**④**します。エクスプレッションにX軸の位置の変化を表す［transform.position [0]］が入力されました。

▲ 直接エクスプレッションに入力しても結果は同じです。

続けて、同様にY軸、Z軸も入力してそれぞれの間にカンマを入れておき、位置Z軸には加えて［ + index*500］と入力**⑤**します。この後コピーして配置した際にレイヤー番号*500の数値がZ軸の座標となり、レイヤーを複製するほど等間隔で奥へと配置することができるようになります。

▲エクスプレッションを事前に設定することで、繰り返しの編集作業を減らすことができます。

トランジションの長さに合わせて、必要な分を複製したら完成です。配置間隔やカメラの動くスピードによっても必要な数は変化します。

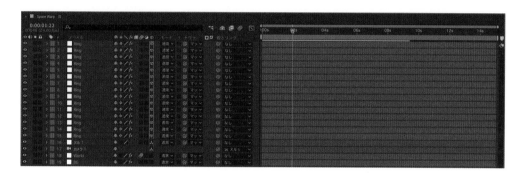

One Point ▶ **カメラの動きを俯瞰で確認する**

［コンポジション］パネル→［ビューのレイアウトの選択：2画面］**❶**へと変更すると、現在表示されているカメラの視点（アクティブカメラ）に加えて別の視点から見た画面を同時に表示できます。［3Dビュー：トップビュー］**❷**にすると、上から俯瞰で表示することができるので、画面でレイヤーの位置を確認することができます。実際の表示画面を確認しながら、カメラの動きとレイヤーの配置を編集する際に便利な表示方法です。

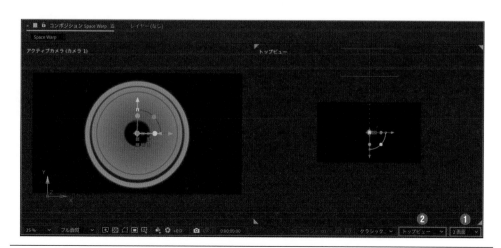

📎コンテンツに応じた塗りつぶし　📎CC Particle Systems II　📎トラッキング

Lesson
5

パーティクルで登場させる

突然人や物が現れるシーンは何もない背景と変化後の映像を撮影して編集する必要がありますが、コンテンツに応じた塗りつぶしを利用すると簡単に作成することができます。

❶ レイヤーを分ける

ファイル [Chapter5-5.aep] を開きます。タイムラインにあるクリップ [Clip5-5.mp4] はあらかじめ、人物が画面外に出ないように [スケール] と [位置] を調整しています。

人物を登場させたいフレームを決め、レイヤー [Clip5-5.mp4] を分割します。ここでは [02:00f] で分割❶しました。さらにカットした前半部分を複製し、複製レイヤーには [BG] ❷と名前を付けて背景のレイヤーとして使う準備をしておきます。

② 人物をマスクで囲む

[現行の時間インジケーター] を先頭に移動❶し、レイヤー [BG] を選択して■[ソロレイヤー]❷を
オンにします。 ✐[ペンツール]❸を選択して、[コンポジション] パネルのモニター上で人物の周り
を囲んでマスク❹を作成します。

この後の作業がしやすいように、レイヤー [BG] → [マスク] を展開し、[マスク１] → [マスクのモー
ド：なし]❺を選択します。続いて、[マスク１] を展開し、[マスクパス] → ◙[ストップウォッチ]
❻をクリックしてキーフレームを打ちます。

さらに現在の時間インジケーターを別のフレームに移動します。そのフレームでも人物がマスクで囲まれるように、▶[選択ツール]❼を使って[コンポジション]パネルの画面上で[マスク1]の位置と大きさを調整❽します。複数のフレームでマスクの調整を行って、全てのフレームで人物がマスクに囲まれるようにしておきます。

▲大きく囲うと作業は楽ですが、編集した後に違和感が残るので最小限に囲いましょう。

最後に[タイムライン]パネルに戻って、レイヤー[BG]→[マスク]→[マスク1]→[マスクのモード:減算]❾に変更します。

One Point ▶ **コンテンツに応じた塗りつぶしの負荷を減らす**

コンテンツに応じた塗りつぶしは対象範囲のフレーム全体を解析して処理を行うため、完了までにかなりの時間がかかります。あらかじめ適用したい範囲だけをワークエリアに指定してから[範囲:ワークエリア]にすることで負荷を最小限に抑えることができます。

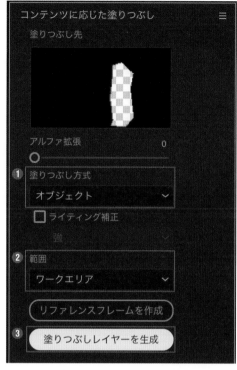

③ コンテンツに応じた塗りつぶしで背景を作る

レイヤー [BG] を選択して、[コンテンツに応じた塗りつぶし] パネルを開きます。[塗りつぶし方式：オブジェクト] ❶、[範囲：ワークエリア] ❷として、[塗りつぶしレイヤーを生成] ❸をクリックします。

▲マスクした領域に対して、その周りの情報に合わせてAIによる塗りつぶしが行われます。

[タイムライン] パネルに、塗りつぶしレイヤー [塗りつぶす [XXX-XXX].png] ❹が作成されるので、レイヤー [BG] の上に配置します。2つのレイヤーを選択した状態で、[ラベル：ブラウン] ❺をクリックして色を変更して目印にしておきます。

▲塗りつぶしレイヤーの名前はそれぞれの使用環境によって変わります。

One Point **コンテンツに応じた塗りつぶしがうまくいかない場合**

うまくいかない場合は、[コンテンツに応じた塗りつぶし] パネルの [リファレンスフレームを作成] をクリックして Photoshop を起動し、手動で背景画像を作成することでその編集内容を反映させることができます。（**P.144** を参照）

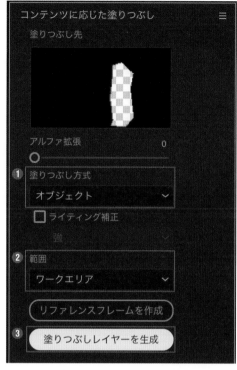内のラベル:
コンテンツに応じた塗りつぶし
塗りつぶし先
アルファ拡張　0
❶ 塗りつぶし方式
オブジェクト
ライティング補正
強
❷ 範囲
ワークエリア
リファレンスフレームを作成
❸ 塗りつぶしレイヤーを生成

④ 人物を登場させる

全ての [ソロレイヤー] ❶を解除します。[現在の時間インジケーター] を [01:12f] に移動❷し、レイヤー [clip5-5.mp4] の前半部分をカット❸します。

▲ [01:12f] から [02:00f] までを人物が登場するシーンにします。

[現在の時間インジケーター] を登場シーンの最終フレームになる [01:23f] に移動❹し、レイヤー [clip5-5.mp4] の前半部分❺を選択して、[ペンツール] ❻で人物の周りを囲んでマスク❼を切ります。

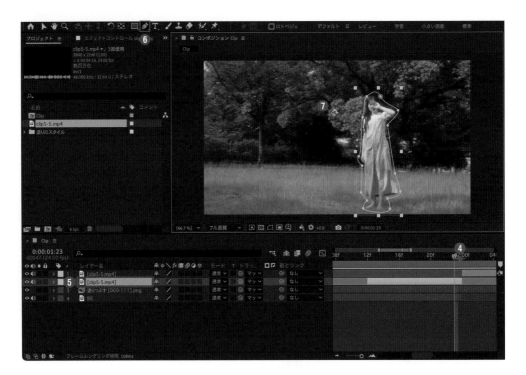

［マスク1］を展開し、［マスクパス］→ [ストップウォッチ] **8**をクリックしてキーフレームを打ちます。さらに、［マスクの境界のぼかし :30.0, 30.0 pixel］**9**にします。

▲レイヤー［BG］の［マスク1］と混同しないように注意しましょう。

今度は［現在の時間インジケーター］を登場シーンの開始フレームになる［01:12f］**10**に移動し、直前に編集していた［マスク1］を選択して、 [選択ツール] **11**で［コンポジション］パネル上の画面の枠外になるようにドラッグ**12**して下げて［マスクパス］のキーフレームを打ちます。マスクが下から上へと上りながら人物が出現するアニメーションができました。

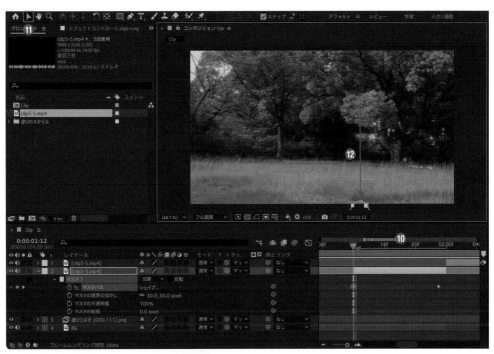

▲必要に応じて中間フレームでマスクの形を編集して自然に現れるようにします。

⑤ パーティクルを作成する

人物の登場に合わせてパーティクルを作成して
いきます。まずは平面レイヤー [Particle] ①を
作成します。ここでは [カラー：#FFFFFF] ②
としました。

レイヤー [Particle] を選択し、エフェクト＆プリセットパネルから [CC Particle Systems II] ③検
索して、ダブルクリックで適用します。[エフェクトコントロール] パネル→ [CC Particle Systems
II] → [Particle] → [Particle Type：Lens Convex]、[Birth Size：0.03]、[Death Size：0.01]、
[Size Variation：100.0%]、[Max Opacity：100.0%] ④とします。

続けて [Prtoducer] → [Radius X：1.0]、
[Radius Y：1.0] ⑤、[Physics] → [Velocity：
0.0]、[Inherit Velocity：0.0] 、[Gravity：
0.0] ⑥とします。一旦この設定にしてから、動
かしながらパーティクルの調整をしていきます。

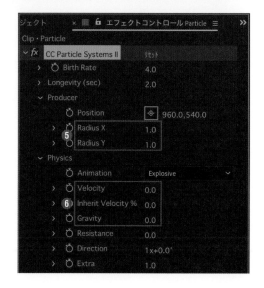

6 パーティクルを動かす

[現在の時間インジケーター] を [01:02f] に移
動し、[Producer] → [Position] → ⏱ [ストッ
プウォッチ] ❶をクリックしてキーフレームを
打ちます。[Position：1950.0, 1000.0] ❷ 程
度にしてコンポジションパネルの画面の枠外右
側にパーティクルの中心を配置します。

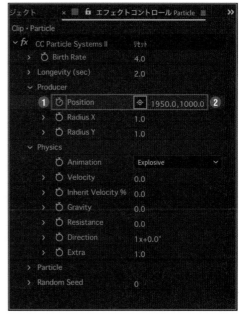

▲レイヤーではなくエフェクトの座標を移動させます。

[現在の時間インジケーター] を [02:00f] に移動します。▶ [選択ツール] ❸ で、パーティクルの
[Position] を人物の足元あたりへと動かし❹てキーフレームを打ちます。

作成したキーフレームは左側へドラッグ❺しておき、続けてパーティクルが人物に沿って登っていくようにパーティクルの［Position］を動かし❻てキーフレームを打ちます。

この操作を繰りかえし複数の［Position］のキーフレーム❼を作成したら、全てにイージーイーズを適用します。さらに人物のマスクの動きに合うようにキーフレームの間隔を調整❼します。［エフェクトコントロール］パネル→［Physics］→［Inherit Velocity%：5.0］❽程度にすることで、［Position］の変化速度を考慮してパーティクルが動くようになります。

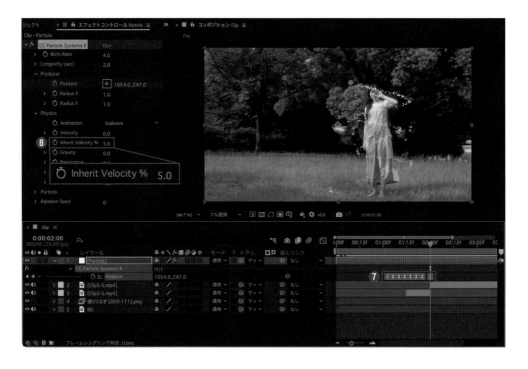

7 パーティクルを全体に散りばめる

［Radius X］はパーティクルをX軸方向（横）に広げる程度を指定できます。［現在の時間インジケーター］を［02:00f］に移動❶し、［エフェクトコントロール］パネル→［CC Particle Systems II］→［Producer］→［Radius X］→ ⏱ ［ストップウォッチ］❷をクリックし、キーフレームを打ちます。このキーフレームは［01:02f］へドラッグ❸して移動します。

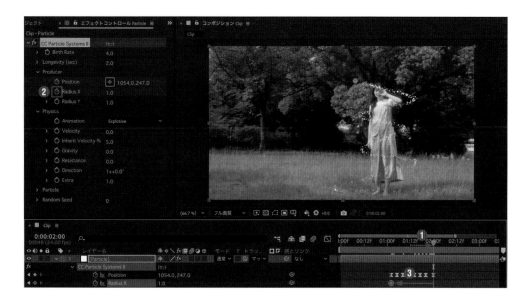

続けて［Radius X：30.0］❹としてキーフレームを打ち、今度は［01:07］あたりへドラッグ❺して移動します。パーティクルが上に登っていくにつれて人物を覆うような形で広がるようになりました。

また、パーティクルが人物の頭部付近まで上った後は、これ以上発生しないように [Birth Rate] で制御します。[エフェクトコントロール] パネル→[CC Particle Systems II] → [Birth Rate：5.0] → [ストップウォッチ] ⑥をクリックし、キーフレームを打ちます。このキーフレームは [01:07f] あたりへドラッグして移動します。

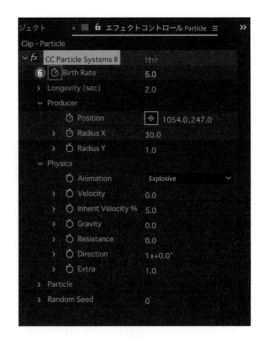

続けて [01:02f] で [Birth Rate：100.0] ⑦、[02:00f] で [Birth Rate：0.0] ⑧のキーフレームを打ちます。これで [02:00f] 以降は新しくパーティクルは発生せずに徐々に消えていくようになりました。さらにレイヤー [Particle] の [モーションブラー] ⑨をオンにして動きにブレを加えます。

⑧ グローを加える

レイヤー [Particle] を選択し、[エフェクト＆プリセット] パネルから [グロー] ❶を検索して、ダブルクリックで適用します。[エフェクトコントロール] パネル→[グロー] → [グローしきい値：0.0%] ❷にします。

［グロー］のエフェクトを複製し、［エフェクト
コントロールパネル］→［グロー］→［グロー半
径：30.0］❸にします。

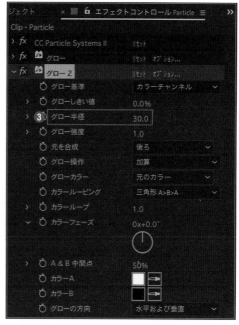

▲ 加えて、作例では［CC Particle Systems II］ →
［Particle］→［Birth Size：0.01］へと微調整しました。

⑨ 映像の動きに合わせパーティクルを配置する

レイヤー［Particle］は手順6で作成したパーティクルの出現に合わせてレイヤーの先頭をカット❶
しておきます。さらにそれに合わせてレイヤー［Clip5-5.mp4］の後半側の先頭をドラッグ❷して伸
ばして揃えます。

▲ 2つのレイヤーはパーティクルが現れる前のフレームに揃えておきましょう。

映像には撮影時のブレがあるので、その動きに
パーティクルをトラッキングさせてより自然な
見え方にしていきます。レイヤー［Clip5-5.
mp4］を選択し、［トラッカー］パネルを開いて
［トラック］❸をクリックします。

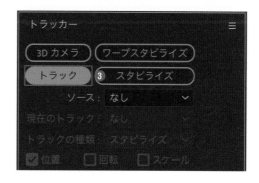

[選択ツール] ④で、レイヤーパネルの画面上のトラックポイントの範囲をドラッグ⑤して広げて、人物の足首のあたりにポイントを設定します。

▲ トラックポイントをドラッグすると画面を拡大して確認できます。

[トラッカー] パネル→ ▶ [再生方向に分析] ⑥をクリックして、動画のトラックポイントの分析を開始します。解析が終わると画面上にトラッキングの指定した部分と同一か所と分析された点がフレームごとに表示されています。

分析が終わったら新規ヌルオブジェクト [ヌル1] を作成し、その先頭をトラッキングを行ったレイヤーの先頭までドラッグ⑦して合わせます。

[トラッカー] パネル→ [ターゲットを設定] ❽をクリックします。[ターゲット] ダイアログが開くので [レイヤー：ヌル１] ❾とし、[OK] をクリックしてダイアログを閉じます。続けて [適用] ❿をクリックして、[モーショントラッカー適用オプション] ダイアログはそのまま [OK] ⓫をクリックして、レイヤー [ヌル１] に分析した位置の情報を反映します。

レイヤー [Particle] → [親とリンク：ヌル１] ⓬とします。また、この手順の最初に伸ばしたレイヤー [Clip5-5.mp4] の後半側の先頭をもとの [02:00f] にドラッグ⓭して戻します。パーティクルが画面の動きに合わせて動くようになり、より自然に見えるエフェクトになりました。

❿ 光の断面を作る

２つのレイヤー [Clip5-5.mp4] の間に、新規平面レイヤー [ホワイト　平面１] ❶を作成します。ここでは [カラー：#FFFFFF] ❷としました。

このレイヤーの長さは手順2でマスクを作成したレイヤー[Clip5-5.mp4]に合わせてカット❸し、続けて👁[ビデオを非表示]❹としておきます。

レイヤー[ホワイト　平面1]❺を選択し、[現在の時間インジケーター]を[01:18f]あたりに移動❻します。🖊[ペンツール]を選択し、出現途中の人物の体に合わせてペンツールで平面を囲んでマスク❼を作成します。

レイヤー［ホワイト　平面 1］ → ［マスク 1］ → ［マスクパス 1］ → [ストップウォッチ] ❽をクリックしてキーフレームを打ちます。手順 4 と同様の方法で人物の登場に合わせて、フレームごとに［マスクパス］の大きさや形、位置を調整してキーフレーム❾を打ちます。

▲ 手順 4 で作成したマスクに合わせて編集しましょう。

レイヤー［ホワイト　平面 1］ → ［マスク 1］ → ［マスクの境界のぼかし：20.0, 20.0pixel］❿程度として、エッジをぼかします。最後にレイヤー［ホワイト　平面 1］ → ［描画モード：オーバーレイ］⓫として完成です。

▲ ［マスクの境界のぼかし］は作成したマスクの大きさに合わせて設定しましょう。

コンポジションの高さに合わせる　　レンズ補正

ズームのトランジションを作る

寄りの映像と引きの映像の2つを組み合わせて、ズームインからズームアウトをしたような動きのトランジションを作ることができます。

---

① 2つのクリップの切り替えを合わせる

ファイル [Chapter5-6.aep] を開きます。[プロジェクト] パネルから [Clip5-6A.mp4] と [Clip5-6B.mp4] をタイムラインに配置❶します。続けて、2つのレイヤーを選択して右クリックのメニューから [トランスフォーム] → [コンポジションの高さに合わせる]❷をクリックしてサイズを合わせます。

▲ 撮影時は大きな画角で行うことが多いため、編集前に一括で合わせておくと便利です。

人物が目を閉じる [03:00f] から [03:12f] の間にトランジションを作っていきます。レイヤー [Clip5-6A.mp4] を [03:12f] でカット❸し、レイヤー [Clip5-6B.mp4] は先頭を [03:00f] に移動❹してトランジションにする部分を重ねておきます。

② スケールと位置の動きを合わせる

2つのレイヤーが重なる最初のフレーム［03:00f］に［位置］と［スケール］のキーフレーム❶を打ちます。さらに重なりの最後のフレーム［03:12f］にも同様に［位置］と［スケール］のキーフレーム❷を打っておきます。

▲ トランジションの前後で先に基準となるキーフレームを作っておきます。

［現在の時間インジケーター］を［03:12f］に移動❸し、［コンポジション］パネルの画面を見ながらレイヤー［Chapter5-6A.mp4］の［スケール］と［位置］❹を調整して、レイヤー［Chapter5-6B.mp4］の人物に重なるようにします。

▲ 参考として［位置：958.0, 480.0］、［スケール：4.5, 4.5%］程度でおおよそ重なります。

[現在の時間インジケーター] を [03:00f] に移動❺し、レイヤー [Chapter5-6A.mp4] → [不透明度：50%] ❻程度に下げて、重なっている２つのレイヤーが同時に見えるようにします。今度は [コンポジション] パネルの画面を見ながらレイヤー [Chapter5-6B.mp4] の [スケール] と [位置] ❼を調整して、レイヤー [Chapter5-6A.mp4] の人物に重なるようにします。終わったらレイヤー [Chapter5-6A.mp4] の不透明度は忘れずに戻しておきます。

▲ 参考として [位置：930.0, 1155.0]、[スケール：560.0, 560.0%] 程度でおおよそ重なります。

❸ 勢いのあるズームアウトの動きを作る

２つのレイヤーの [位置] と [スケール] のキーフレーム❶を全て選択し、イージーイーズを適用します。

◻[グラフエディタ] ❷をクリックして速度グラフを開き、後ろ側のキーフレームのハンドルを左へ最大までドラッグ❸することで変化の前半で変化の速度が最大になるようにします。さらに、どちらのレイヤーも◻[モーションブラー] ❹をクリックしてオンにすることで動きに勢いをつけます。

4 自然に切り替える

上側のレイヤーは［スケール］が小さくなる途中で画面の端が見えてしまうため、エフェクトで複製します。レイヤー［Chapter5-6A.mp4］を選択し、［エフェクト＆プリセット］パネルから［CC RepeTile］を検索して、ダブルクリックで適用します。

［現在の時間インジケーター］を［03:02f］に移動し、［エフェクトコントロール］パネル→［CC RepeTile］→［Tiling：Unfold］、［Expand Right, Left, Down, Up］❶の数値を増やしてエッジの部分を［コンポジション］パネルの画面の端まで延長させます。

▲［Tiling：Unfold］を選ぶと複製したクリップが鏡状に反転するようになります。

さらにトランジションの途中でフェードさせることでレイヤーの切り替えが自然に見えるようにします。レイヤー［Chapter5-6A.mp4］→［不透明度］に［03:00f］のとき［不透明度：100%］❷、［03:06f］のとき［不透明度：0%］❸のキーフレームを打ちます。

⑤ レンズ補正を加える

新規調整レイヤー［調整レイヤー1］❶を作成します。手順4までで作ってきたトランジションに重なるようにレイヤーをカット❷します。

調整レイヤー［調整レイヤー1］を選択し、［エフェクト＆プリセット］パネルから［レンズ補正］❸を検索して、ダブルクリックで適用します。［現在の時間インジケーター］を［03:00f］に移動❹し、［エフェクトコントロール］パネル→［レンズ補正］→［レンズディストーションを反転：オン］❺、［視界］→ ⏱［ストップウォッチ］❻をクリックしてキーフレームを打ちます。

映像が切り替わるあたりに [現在の時間インジケーター] を移動 ❼ し、[レンズ補正] → [視界：110.0] ❽ として映像が四方へと歪むようにしておきます。

▲レンズの歪みを使うことで、トランジションによる違和感を減らすことができます。

さらに映像が切り替わった後に、ゆっくりと歪みが戻るように調整レイヤー [調整レイヤー 1] の最後のフレームで [視界：0.0] ❾ としてキーフレームを打ちます。ワープをしながらズームアウトするトランジションの完成です。

▲ [レンズ補正] 以外も使うことができるので、好きなエフェクトで試してみましょう。

🖉 マスクの境界のぼかし　🖉 マスクの拡張

目を使ったトランジション

映像内に映っている物やシェイプを利用したトランジションはよく使われる手法ですが、ここでは瞳とそれに映像を映す表現を作ります。

① 目の画像フレームを作成する

ファイル [Chapter5-7.aep] を開きます。レイヤー [Clip5-7B.mp4] の先頭1フレームを分割❶し、右クリックのメニューから [時間] → [フレームを固定] をクリックしてフレームを静止画として固定します。

フレームを固定したレイヤーをドラッグ❷して [01:13f] まで延長します。

▲ レイヤー [Clip5-7B.mp4] は lesson6同様にコンポジションの幅にサイズを合わせています。

② 目からズームアウトする動きを作る

瞳を中心としたトランジションを作るので、▦[アンカーポイントツール]❶でアンカーポイントを
瞳の中心に移動します。[現在の時間インジケーター]を[02:00f]に移動❷し、静止画レイヤー
[Clip5-7B.mp4]→[位置]と[スケール]のキーフレーム❸を打ちます。

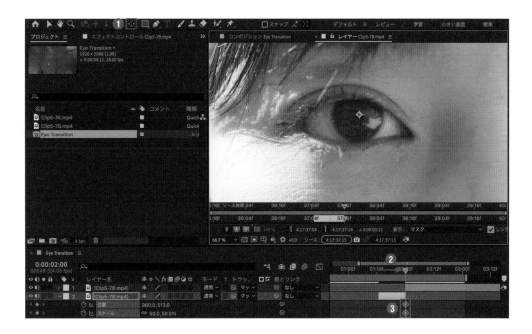

[現在の時間インジケーター]を[01:13f]に移動❹し、拡大した瞳の黒い部分が[コンポジション]
パネルの画面に広がるように、[スケール1500.0, 1500.0%]❺としてから、アンカーポイントが中
心に来るように[位置]❻を調整します。キーフレームは全てイージーイーズを適用します。

▲黒い瞳からズームアウトして顔が映るアニメーションができました。

③ 瞳をスケールさせる

静止画レイヤー［Clip5-7B.mp4］の先頭をさらに［01:04f］までドラッグ❶して伸ばします。［現在の時間インジケーター］を［01:13f］に移動❷し、静止画レイヤー［Clip5-7B.mp4］を分割します。分割したレイヤーは［Pupil］❸と名前を変更しました。

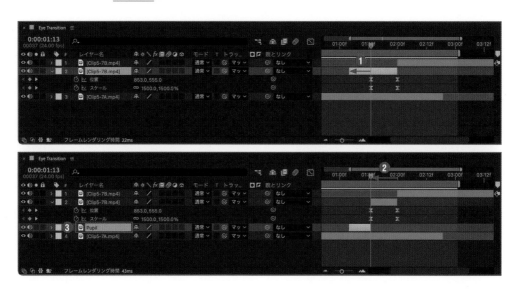

［現在の時間インジケーター］を［01:04f］に移動❹し、レイヤー［Pupil］を選択します。◯［楕円形ツール］❺を選択し、瞳の中心にマウスポインタを合わせて⌘（Ctrl）＋Shiftキーを押しながらドラッグして瞳の部分を囲んだマスク❻を作成します。

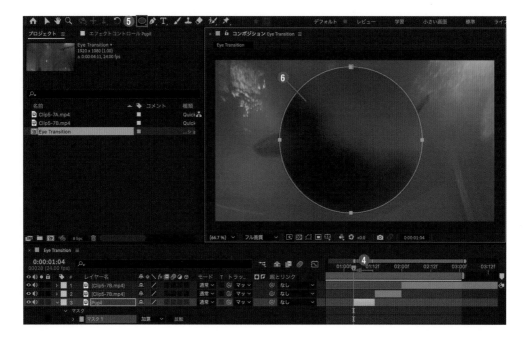

[アンカーポイントツール] ❼でアンカーポイントをマスクの中心に移動します。レイヤー [Pupil] に [01:04f] のとき [スケール：0.0, 0.0%] ❽、[01:13f] のとき [スケール：1500.0, 1500.0%] ❾のキーフレームをうち、それらのキーフレームにイージーイーズを適用します。

▲瞳が現れるアニメーションができました。

❹ 瞳の中に水族館を映す

[現在の時間インジケーター] を [01:23f] に移動❶し、静止画レイヤー [Clip5-7B.mp4] を選択します。◎[楕円形ツール] ❷を選択し、瞳の中心にマウスポインタを合わせて ⌘（Ctrl）+ Shift キーを押しながらドラッグして虹彩を囲んだマスク❸を作成します。

▲マスクを作成することで非表示の部分に下のレイヤーの映像が写ります。

［マスク 1］→［マスクの種類：減算］❹とすると、囲んだ部分が除外され下に配置しているレイヤー
［Clip5-7A.mp4］の様子が映るようになります。［マスク 1］→［マスクパス］→ ⏱[ストップウォッチ]❺をクリックしてキーフレームを打ちます。続けて ▶[選択ツール]❻を選択し、虹彩が囲まれるように調整します。

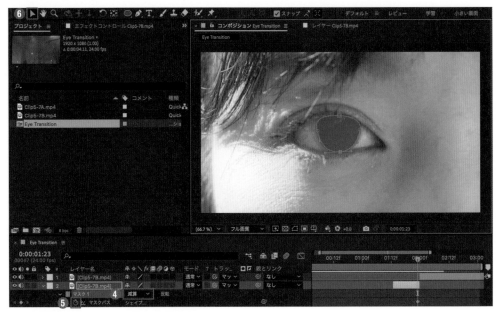

▲ベジェを使ってしっかり虹彩の形に合わせましょう。

続けて ⬭[楕円形ツール]❼を選択し、瞳の部分を囲んだマスク❽を作成します。［01:13f］でレイヤー［Pupil］のマスクと大きさが大体同じくらいになるように調整しておきます。

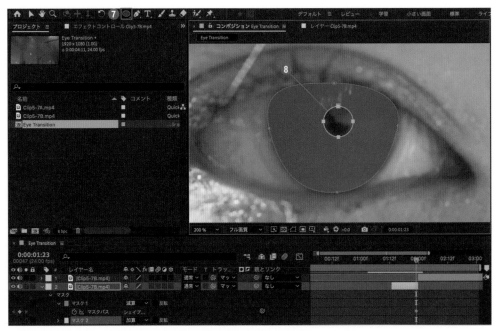

▲マスクが［描画モード：加算］となるので、再び表示されるようになります。

⑤ トランジションに勢いを作る

［現在の時間インジケーター］を［01:17f］に移動**①**し、静止画レイヤー［Clip5-7B.mp4］→［マスク1］→［マスクの境界のぼかし］と［マスクの拡張］のキーフレーム**②**を打ちます。

［現在の時間インジケーター］を［01:23f］に移動**③**し、［マスクの境界のぼかし：150.0, 150.0 pixel］**④**、［マスクの拡張：-100.0 pixel］**⑤**程度としてなじませて、自然に水族館の景色が目の奥に吸い込まれるようなアニメーションにします。さらに、全てのレイヤーで［モーションブラー］**⑥**をクリックしてオンにして勢いをつけます。

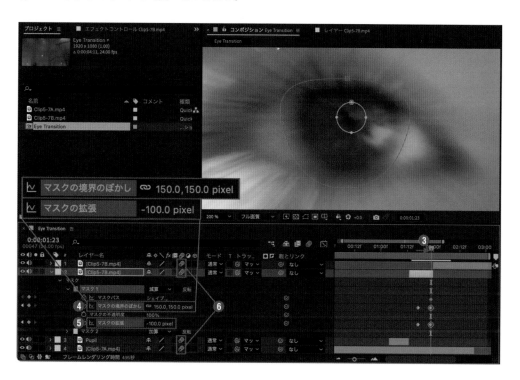

6 水中の映像に動きをつける

仕上げとしてズームアウトする動きに合わせて、レイヤー [Clip5-7A.mp4] の水中の映像も遠くへと引いていくような動きをつけ自然なズームアウトにします。レイヤー [Clip5-7A.mp4] → [親とリンク：Clip5-7B.mp4]（静止画レイヤーの方）**①**とします。

ズームアウトする際に水中の映像の縁が見えてしまうため、Lesson6と同様の方法で自然に見えるように編集します。レイヤー [Clip5-7A.mp4] を選択し、エフェクト＆プリセットパネルから [CC RepeTile] **②**を検索して、ダブルクリックで適用します。[エフェクトコントロール] パネル→ [CC RepeTile] → [Tiling：Unfold]、[Expand Right, Left, Down,Up] **③**をそれぞれ好みで調整して、映像の縁が目立たないようにしておきましょう。

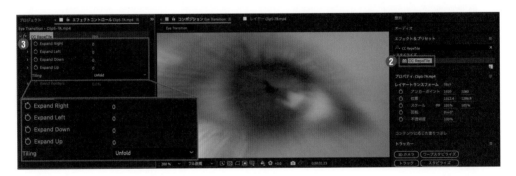

@タイムリマップ　@CC force motion blur

スピードランピングを作る

After Effectsではタイムリマップにキーフレームを打ちスピードを変更します。ブラーと組み合わせることで勢いをつけた演出を作りましょう。

1 タイムリマップ使用可能

ファイル [Chapter5-8.aep] を開きます。レイヤー [Clip5-8.mp4] を選択し、メニューバーの [レイヤー] のメニューから、[時間] → [タイムリマップ使用可能] ❶をクリックして、[タイムリマップ] のキーフレーム❷を表示します。

▲最初と最後のフレームに基準となるキーフレームが設定されています。

タイムリマップ

キーフレームの間隔を狭くすることで時間を速めることができ、間隔を広げることで速度を遅くすることができます。タイムリマップの最初と最後のキーフレームより外側は、最も端のフレームが連続するようになります。

② 回転する箇所をスピードアップさせる

レイヤー [Clip5-8.mp4] の人物の周りをカメラが回り込んで撮影している部分のスピードをあげていきます。まずは、[現在の時間インジケーター] を [04:21f] に移動❶し、[タイムリマップ] のキーフレーム❷を打ちます。

さらに [現在の時間インジケーター] を [09:15f] に移動❸し、再び [タイムリマップ] のキーフレーム❹を打ちます。

[04:21f] と [09:15f] の２つのキーフレームの間隔を狭めますが、そのまま [09:15f] のキーフレームをドラッグすると、最後のキーフレームとの間隔が広がってしまうので、ここでは [09:15f] と最後のキーフレームを選択した状態で、[05:19f] 程度までドラッグ❺して移動します。

この後、映像は建物に向かってズームアップしていくので、その部分も同様の方法でスピードをあげます。[現在の時間インジケーター] を [08:03f] に移動❻し、[タイムリマップ] のキーフレーム❼を打ちます。最後のキーフレームを [09:10f] 程度までドラッグ❽して移動します。

▲最初と最後のキーフレームも他と同様にドラッグして扱うことができます。

③ コンポジションの長さをワークエリアに合わせる

レイヤーを必要な部分だけにカットし、その長さにコンポジションを合わせます。レイヤー［Clip5-8.mp4］を選択し、［01:15f］と［08:22f］程度でそれぞれ端をカット❶します。

▲ カットする長さは好みの長さで問題ないので、画面を確認しながら決めましょう。

レイヤー［Clip5-8.mp4］の先頭を［00:00f］にドラッグ❷して移動します。［現在の時間インジケーター］を最終フレームへ移動❸し、N キーを押してワークエリア❹をレイヤーの長さに合わせます。

［ワークエリアバー］を右クリックし、メニューから［コンポジションをワークエリアにトリム］❺をクリックするとコンポジションの長さがワークスペースの長さに設定されます。

▲ この方法は［タイムリマップ］を使用するときなど、最終的な長さが分からない状態で編集を行う際に有効です。

4 自動的にクリップに勢いを加える

[タイムリマップ] によって時間を早くした範囲にモーションブラーを追加して勢いを表現します。[エフェクト＆プリセット] パネルから [CC Force Motion Blur] ❶を検索して、ダブルクリックで適用します。

前後の映像をエコーさせる形で映像に自動的にブラーが加わることで勢いが表現できます。しかし、この場合は動画をストップした際にエコーを加えていることがわかってしまうので、この後の手順5でより自然に見えるブラーを追加していきます。

⑤ ブラー（方向）で勢いを加える

新規調整レイヤー［調整レイヤー１］を作成し、レイヤー［Clip5-8.mp4］の［タイムリマップ］によって時間を短くした範囲に合わせてカット**①**して配置します。

調整レイヤー［調整レイヤー１］を選択し、［エフェクト＆プリセット］パネルから［ブラー（方向）］**②**を検索して、ダブルクリックで適用します。［エフェクトコントロール］パネル→［ブラー（方向）］→［方向：0x+90.0°］、［ブラーの長さ：100.0］**③**とします。

続けてブラーが自然に見えるように、［ブラーの長さ］のキーフレームを４つ打ち、［調整レイヤー１］の外側のとき［ブラーの長さ：0.0］**④**、［調整レイヤー１］の内側のとき［ブラーの長さ：100.0］**⑤**として配置して完成です。

Lesson 9

パーティクルで退場する

今回は人物がパーティクルへ変化して消えていくような退場の動きを作ってみます。

1 2つのクリップを重ね合わせる

ファイル [Chapter5-9.aep] を開きます。レイヤー [Clip5-9A.mp4] は人物の背面、レイヤー [Chapter5-9B.mp4] は人物が映っていない背景だけの映像です。

2つのレイヤーには撮影時の手振れが見られるため、2つのレイヤーを選択し、[エフェクト＆プリセット] パネルから [ワープスタビライザー] ❶ を検索して、ダブルクリックで適用します。[エフェクトコントロール] パネル→ [スタビライズ] → [結果：モーションなし] ❷ とします。

▲映像のぶれた動きがなくなり、三脚で固定して撮影したようになります。

上に配置したレイヤー［Clip5-9A.mp4］→［不透明度］❸を下げて、［スケール］、［位置］、［回転］
❹を調整しながら下に配置したレイヤー［Clip5-9B.mp4］と重なるように調整します。

▲調整が終わったら［不透明度］はもとに戻しておきます。

2 マスクを切る

レイヤー［Clip5-9A.mp4］を選択し、■長方形ツール❶を選択して人物の周りを囲んでマスクを切
ります。［マスク］→［マスク１］→［マスクの境界のぼかし：30.0, 30.0 pixel］❷程度として、背景
に馴染ませます。

続けて、[現在の時間インジケーター]を[02:00f]へ移動❸し、[マスク1]→[マスクパス]→⬛[ストップウォッチ]❹をクリックし、キーフレームを打ちます。

さらに[現在の時間インジケーター]を[03:00f]へ移動❺し、▶[選択ツール]❻を選択して、[コンポジション]パネルの画面上で[マスク1]を下へドラッグ❼してキーフレームを打つことで、人物が消えていくアニメーションを作ります。

3 断面を作る

新規平面レイヤー［ホワイト　平面1］を作成
します。ここでは［カラー：#FFFFFF］❶とし
ました。

レイヤー［ホワイト　平面1］の先頭を［02:00f］に移動❷して、👁［ビデオを非表示］❸をクリック
して非表示にします。

レイヤー［ホワイト　平面1］を選択し、✒️［ペンツール］❹を選択します。［現在の時間インジケー
ター］を人物が消えだすフレームに移動し、消えていく部分に合わせてマスクを切ります。レイヤー
［ホワイト　平面1］→［マスク1］→［マスクパス］→⏱［ストップウォッチ］❺をクリックして、
キーフレームを打っておきます。

続けて、［現在の時間インジケーター］を人物が消える最後のフレームへと移動し、マスクを合わせて［マスクパス］のキーフレーム❻を打ちます。2つの［マスクパス］のキーフレームの範囲で1フレームごとにマスクの調整を行い、終わったらレイヤーを表示して、［マスクの境界のぼかし：15.0, 15.0 pixel］❼程度とします。

▲マスクを切る際には最初と最後合わせてから、その間を埋めていくことで効率よく作業を行うことができます。

レイヤー［ホワイト　平面1］を選択し、［エフェクト＆プリセット］パネルから［グロー］❽を検索して、ダブルクリックで適用します。［エフェクトコントロール］パネル→［グロー］→［グローしきい値：0.0%］❾にします。

続けて、[グロー] を複製し、[グロー 2] → [グロー半径：50.0%] ❿ に設定して光を広げておきましょう。レイヤー [ホワイト　平面 1] → [描画モード：オーバーレイ] ⓫ として光を発しているような演出にします。レイヤー [ホワイト　平面 1] は最後のキーフレームに合わせてカットしておきます。

より自然に見えるように左手に対しても [マスク 2] を作成して、同様の方法で [マスクパス] のキーフレームを打ち光の断面を追加しておきます。途中で [マスク 1] が広がって [マスク 2] が必要なくなった時は、[マスクの不透明度：0.0%] のキーフレーム ⓬ を打つことで、表示されないようにします。

4 上方向へのパーティクルを作成する

新規平面レイヤー［Particle］❶を作成します。
ここでは［カラー：#FFFFFF］❷としました。

レイヤー［Particle］の先頭を人物が消え始める［02:00f］に移動❸します。

レイヤー［ホワイト　平面1］の［エフェクトコ
ントロールパネル］→［グロー］、［グロー 2］を
コピーして、レイヤー［Particle］に複製します。

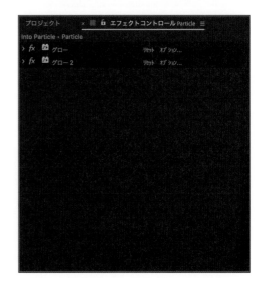

レイヤー［Particle］を選択し、［エフェクト＆プリセット］パネルから［CC Particle World］❹を検索して、ダブルクリックで適用します。［エフェクトコントロール］パネル→［CC Particle World］→［Particle］→［Particle Type：Lens Convex］、［Birth Size：0.010］、［Death Size：0.010］、［Size Variation 100.0%］、［Max Opacity：100.0%］❺とします。

続けて、［Physics］→［Velocity：0.00］❻、［Gravity：-1.000］❼として上向きにパーティクルが上っていく動きができました。

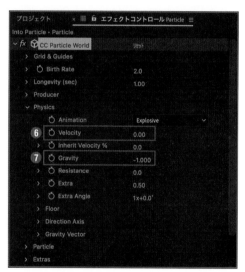

▲［Gravity］にマイナスの値を設定することで重力に逆らった動きになります。

さらに [Producer] → [Position X, Y, Z] ではパーティクルの発生する位置を調整できるので、レイヤー [ホワイト　平面1] の [マスク1] に合わせて [Position X] と [Position Y] ❽を調整し、それぞれキーフレームを打ちます。

[ホワイト　平面1] の [マスク1] の動きに合わせて、[Position X] と [Position Y] が常に光の断面の位置に合うようにキーフレーム❾を打ちます。

▲ マスクの時と同様に先に、最初と最後のキーフレームを打って作業しましょう。

[現在の時間インジケーター] を人物が消える直前のフレームに移動し、[Birth Rate] → ⏱ [ストップウォッチ] ❿をクリックしてキーフレームを打ちます。

[現在の時間インジケーター]を1フレーム先に移動し、人物が全て消えたところで[Birth Rate：0.0] ⑪ としてキーフレームを打ち、パーティクルの発生をストップします。

⑤ パーティクルの広がりを調整する

人物の消えていく幅に合わせて、パーティクルが発生する幅を変更していきます。[現在の時間インジケーター]を人物が消える直前のフレームに移動し、[Producer] → [Radius X] ❶ にキーフレームを打って[ホワイト　平面1]の[マスク1]の幅に合わせます。

[ホワイト　平面1]の[マスク1]の幅の変化に合わせて、[Radius X]を調整してキーフレーム ❷ を打ちます。

▲ここでは幅が最小と最大になるフレームで先にキーフレームを打つと効率的に作業できます。

[Physics] → [Gravity Vector] ではパーティクルが飛んでいく方向を調整できます。ここでは [Gravity X：0.860] ❸程度にして、パーティクルが風に乗って運ばれていくような表現にしました。

▲最後に全体を確認しながら、[Birth Rate：5.0] やパーティクルの寿命 [Longevity：3.0] などと好みに調整して完成です。

One Point ▶ Particle のエフェクトの違い

Chapter 5 では 2 つのパーティクルのエフェクト、[CC Particle Systems2] と [CC Particle World] の使い方を解説しました。この 2 つの違いは [CC Particle world] が 3D 空間に対応していることで、重力の方向などを調整することができます。場面に応じて使い分けましょう。

🖉 チャンネル設定

エンドクレジットを作る

撮影した映像の上にテキストを配置してエンドクレジットを作ります。エフェクトを追加することでよりクオリティを高めることができます。

——— ||| ———

❶ 映像の上にテキストを配置する

ファイル[Chapter5-10.aep]を開きます。🅣[横書き文字ツール]❶を選択して2行のテキストを作成します。ここでは[フォント：DIN Condensed Bold]、[塗り：#FFFFFF]❷としました。レイヤー名を[Text]❸としておきます。

テキストはカーソルで選択範囲を指定し、その部分だけを[テキスト]パネルで編集することができます。ここでは1行目を[フォントサイズ：100 px]❹、2行目を[フォントサイズ：150 px]❺とします。続けて、整列パネル→■[水平方向に整列]❻、■[垂直方向に整列]❼をクリックして中央に配置します。

② テキストに模様を反映

新規平面レイヤー [Fractal] ❶を作成します。
ここでは [カラー：#FFFFFF] ❷としました。

レイヤー [Fractal] を選択し、[エフェクト＆プリセット] パネルから [フラクタルノイズ] ❸を検索
してダブルクリックで適用します。レイヤー [Fractal] → [トラックマット：Text] ❹として、テキ
ストの形に合わせてレイヤー [Fractal] を表示します。

[エフェクトコントロール] パネル→ [フラクタ
ルノイズ] → [コントラスト：150.0]、[明る
さ：30.0] ❺程度として、[展開] → 🕐 [ストッ
プウォッチ] ❻を Option (Alt) キー＋クリック
してエクスプレッションを追加します。

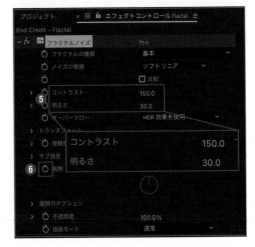

[time*50] ❼と入力し、1秒間に［展開］が50ずつ上昇し、［フラクタルノイズ］の模様が動くよう
になります。

❸ テキストに光を加える

レイヤー［Fractal］とレイヤー［Credit］を選択
して、プリコンポーズします。［プリコンポー
ズ］ダイアログ→［新規コンポジション名：
Credit］❶としました。

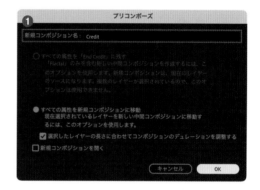

コンポジットレイヤー［Credit］を選択し、［エフェクト＆プリセット］パネルから［グロー］を検索
して、ダブルクリックで適用します。エフェクトコントロールパネル→［グローしきい値：0.0%］
❷、［グロー強度：0.5］❸とします。さらに［グロー］を複製し、［グロー2］→［グロー半径：
50.0］❹とします。

4 爆発するパーティクルを作成

新規平面レイヤー [Particle] ❶を作成します。
ここでは [カラー：#FFFFFF] ❷としました。

レイヤー [Particle] を選択し、[エフェクト＆プリセット] パネルから [CC Particle systems Ⅱ] ❸
を検索してダブルクリックで適用します。現在の時間インジケーターを [00:00f] へ移動し、[エフェ
クトコントロールパネル] → [CC Particle systems Ⅱ] → [Birth Rate：20.0] → ⏱ [ストップウォッ
チ] ❹をクリックしてキーフレームを打ちます。

続けて、現在の時間インジケーターを [00:02f] へ移動し、[Birth Rate：0.0] ❺とします。パー
ティクルが中央から爆発する花火のようなエフェクトになります。

▲ [Birth Rate：0.0] にすることで新しいパーティクルの発生を止めています。

[Physics] → [Velocity : 1.0] ❻、[Gravity : 0.0] ❼とします。さらに [Particle]→[Particle Type：Lens Convex]、[Birth Size：0.05]、[Death Size：0.05]、[Size Variation：100.0%]、[Max Opacity：100.0%] ❽とし て中心から爆発する動きのパーティクルが出来 上がります。

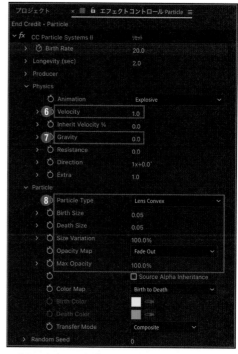

▲ 今回は中央から広げたいので速度 [Velocity] はそのま まで、重力 [Gravity] だけなくします。

また、[Producer] → [Radius X : 50.0]、 [Radius Y : 20.0] ❾として、パーティクルが 出現する範囲を広げて不規則にします。

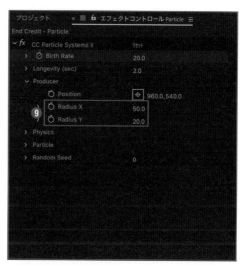

▲ テキストに合わせて出現させたいので、X軸の値を大き く、Y軸の値を小さくしています。

コンポジットレイヤー［Credit］のエフェクト
［グロー］と［グロー2］**⑩**を複製して、レイヤー
［Particle］にも適用します。

5 チャンネルをずらす

レイヤー［Particle］を選択し、［エフェクト＆プリセット］パネルから［チャンネル設定］**❶**を検索し
て、ダブルクリックで適用します。［エフェクトコントロール］パネル→［チャンネル設定］→［ソー
ス1に赤を設定：赤］、［ソース2に緑を設定：フルオフ］、［ソース3に青を設定：フルオフ］**❷**とし
ます。

レイヤー［Particle］の名前を［Particle Red］と変更し、［描画モード：スクリーン］**❸**とします。
さらに、2つ複製してそれぞれレイヤー［Particle Green］、レイヤー［Particle Blue］**❹**と名前を変
更します。

レイヤー [Particle Green]、レイヤー [Particle Blue] も同様に [エフェクトコントロール] パネル
→ [チャンネル設定] で名前の1色のみをソースに指定❺❻します。さらにこれら2つのレイヤーの
[位置] ❼を1.0程度ずらしてパーティクルにグリッチを作って完成です。

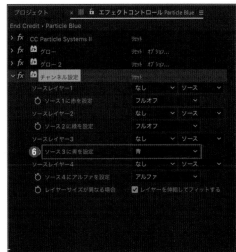

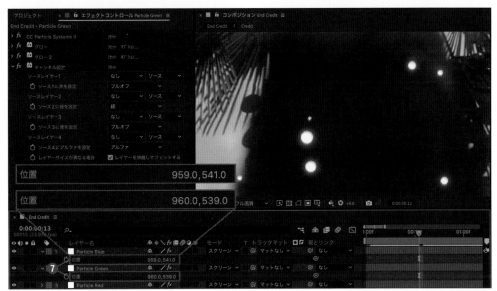

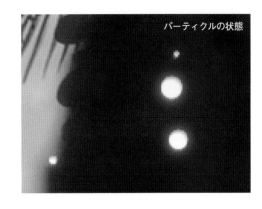

パーティクルの状態

ここではさらに映像表現の幅を広げるためのヒントを提供します。Chapter 5 の作例全体は Premiere Pro と連携して制作されており、教材サンプルとして Premiere Pro ファイルも収録していますので Adobe Creative Cloud を利用している場合はファイル構造の参考にしてください。

幽体離脱で分身を作る

蝶と共に人も幽体離脱する場面は、Lesson9 のように同じ画角で撮影した映像を使っています。人物が寝ている映像のレイヤーの上に人物が起き上がる映像のレイヤーを重ねて [不透明度] を下げることで作成しています。

タービュレントディスプレイスを使ったトランジション

女性が目を瞑るクリップの上に調整レイヤーを作成し、エフェクト [タービュレントディスプレイス] を適用します。ここで調整レイヤーの両端で [量] を [0.0 → 900.0] と変化するようにキーフレームを打ち、女性の映像の歪みが徐々に大きくなるトランジションを作ります。さらに [オフセット] の Y 軸にもマイナス方向に変化するキーフレームを打ち、転換後のクリップの水中で泡が登っていく動きに繋がるように、画面が上へ登っていく動きを設定しました。調整レイヤーの上に転換後のクリップを重ねて、上記で作成した調整レイヤーに合わせて、レイヤーの [不透明度] を [0% → 100%] と変化させるキーフレーム打つことでディゾルブのトランジションを作れば完成です。様々な場面転換に応用できるテクニックですのでうまく活用してみて下さい。

ワープ表現を一段と作り込む

Lesson4 ではリングを作るためにシェイプにエ
フェクト［線］を適用しましたが、作例ではさら
に表現を作り込むために Video Copilot 社が提供
しているプラグイン［Saber］を使用しています。
Saber はスターウォーズのライトセイバーをイ
メージしたプラグインで、マスクに沿って自然な
グローが追加された線が追加されています。この
ようにプラグインを活用することで、こだわった
表現を再現することができるようになります。さ

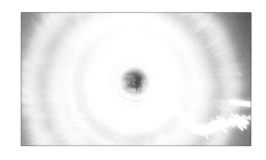

らに大量に複製した光のリングは［位置］を変更して配置しておき、その中を潜り抜けるようにカメ
ラワークとパーティクルの動きを作成することで、宇宙空間を縦横無尽に移動するような大きな躍動
感を作ることができます。また、最後の光のリングに対してマスクを切っておくことで自然と次の
シーンへと切り替えられるようにしました。次のカットでも連続性が生まれるようにカメラが前の方
向に動く映像から始まるように工夫しています。

手にした蝶を光らせる

蝶の髪飾りを光らせるシーンは、エフェクト［CC Light Rays］を適用しています。光を画面の動き
に合わせるには蝶の髪飾りの中心の位置に［Center］にキーフレームを打っておきます。ここでは最
初は［Intensity: 0.0］、［Radius: 50.0］のキーフレームを打っておき、1 秒後に［Intensity: 160.0］、
［Radius: 100.0］として光の強さを強め、さらに光が広がる表現を作っています。

After Effectsでよく使うショートカット一覧

ここでは筆者がよく使うショートカットキーをまとめています。なお、メニューバーの［After Effects］（［設定］）→［キーボードショートカット］からショートカットキーの割り当てを変更できます。また、ツールパネルやメニューの横にショートカットキーが表示されるので、ここに載っていないものでもよく使う機能のショートカットキーは積極的に使っていきましょう。

基本操作

操作	Mac	Windows
全て選択	⌘ + A	Ctrl + A
取り消し	⌘ + Z	Ctrl + Z
やり直し	⌘ + Shift + Z	Ctrl + Shift + Z
カット	⌘ + X	Ctrl + X
コピー	⌘ + C	Ctrl + C
ペースト	⌘ + V	Ctrl + V
プロジェクトを保存	⌘ + S	Ctrl + S
プロジェクトを別名で保存	⌘ + Shift + S	Ctrl + Shift + S
After Effectsの終了	⌘ + Q	Ctrl + Q

レイヤー／コンポジションを作成／調整する

操作	Mac	Windows
平面の作成	⌘ + Y	Ctrl + Y
レイヤーの設定	⌘ + Shift + Y	Ctrl + Shift + Y
調整レイヤーの作成	⌘ + Option + Y	Ctrl + Alt + Y
ヌルオブジェクトの作成	⌘ + Shift + Option + Y	Ctrl + Shift + Alt + Y
ライトの作成	⌘ + Shift + Option + L	Ctrl + Shift + Alt + L
カメラの作成	⌘ + Shift + Option + C	Ctrl + Shift + Alt + C
コンポジションの作成	⌘ + N	Ctrl + N
コンポジションの設定	⌘ + K	Ctrl + K
プリコンポーズ	⌘ + Shift + C	Ctrl + Shift + C

現在の時間インジケーターの移動

操作	Mac	Windows
インジケーターをイン点に移動	I	I
インジケーターをアウト点に移動	O	O
1つ前のキーフレームに移動	J	J
1つ後ろのキーフレームに移動	K	K
1フレーム先に進む	⌘ + →	Ctrl + →
1フレーム前に戻る	⌘ + ←	Ctrl + ←
10フレーム先に進む	⌘ + Shift + →	Ctrl + Shift + →
10フレーム前に戻る	⌘ + Shift + ←	Ctrl + Shift + ←

レイヤーの操作

操作	Mac	Windows
レイヤーを複製	⌘ + D	Ctrl + D
レイヤーを分割	⌘ + Shift + D	Ctrl + Shift + D
レイヤーのカット（左）	Option + [	Alt + [
レイヤーのカット（右）	Option +]	Alt +]
イン点をインジケーターに移動	[	[
アウト点をインジケーターに移動	]	]
素材を入れ替える	⌘ + Option + /	Ctrl + Alt + /
選択しているレイヤーを切り替える	⌘ + ↑ (↓)	Ctrl + ↑ (↓)
レイヤーを1つ下に移動	⌘ + [	Ctrl + [
レイヤーを1つ上に移動	⌘ +]	Ctrl +]
レイヤーを一番下に移動	⌘ + Shift + [	Ctrl + Shift + [
レイヤーを一番上に移動	⌘ + Shift +]	Ctrl + Shift +]
レイヤーをロック	⌘ + L	Ctrl + L
全てのロックを解除	⌘ + Shift + L	Ctrl + Shift + L

レイヤープロパティを開く

操作	Mac	Windows
位置	P	P
回転	R	R
不透明度	T	T
スケール	S	S
アンカーポイント	A	A
キーフレーム	U	U
全ての項目	U U	U U
オーディオレベル	L	L
オーディオの波形	L L	L L
プロパティを閉じる/エフェクト	E	E
エクスプレッション	E E	E E
マスク	M	M
タイムリマップ	⌘ + Option + T	Ctrl + Alt + T

その他

操作	Mac	Windows
ワークエリアの開始を設定	B	B
ワークエリアの終了を設定	N	N
イージーイーズ	F9	F9

317

INDEX

■ 本書のサポートページ

https://isbn2.sbcr.jp/22664/

本書をお読みいただいたご感想を上記URLからお寄せください。
本書に関するサポート情報やお問い合わせ受付フォームも掲載しておりますので、あわせてご利用ください。

■ 著者紹介

ムラカミ ヨシユキ

フリー映像作家として、国内外で監督、撮影、編集、脚本執筆に携わる。YouTubeやUdemyにて映像制作に関し)してのハウツー動画を投稿し、YouTubeチャンネル（あくしょんプラネット/@ActionPlanet）は登録者数10万人を突破。
著書「After Effects 演出テクニック100」（2021年9月/BNN社）
　　「Final Cut Pro 演出テクニック100」（2022年3月/BNN社）
　　「入門×実践 Premiere Pro　作って学ぶ動画編集」（2023年3月/SBクリエイティブ）

▶ Chapter3
【モデル】　　・SEIO
　　　　　　　・LILI

▶ Chapter4
【イラスト】　・かにょこ

▶ Chapter5
【撮影協力】　・ベイサイドプレイス博多
　　　　　　　・博多ポートタワー
【モデル】　　・橋本 あかね
【アシスタント】・山口 翔一

入門×実践 After Effects　作って学ぶ映像効果
（CC対応）（Mac＆Windows対応）

2024年3月6日　　　初版第1刷発行

著　者 ……………………… ムラカミ ヨシユキ
発行者 ……………………… 小川 淳
発行所 ……………………… SB クリエイティブ株式会社
　　　　　　　　　　　　　　〒105-0001 東京都港区虎ノ門2-2-1
　　　　　　　　　　　　　　https://www.sbcr.jp/
印　刷 ……………………… 株式会社シナノ

カバーデザイン ………… 新井 大輔
制　作 ……………………… クニメディア株式会社
編　集 ……………………… 島嵜 健瑛

落丁本、乱丁本は小社営業部にてお取り替えいたします。
定価はカバーに記載されております。

Printed in Japan　ISBN978-4-8156-2266-4